C言語 超入門

1日でたった5日で重要な基本が身につく！

小谷 和弘 [著]
Kazuhiro Kotani

はじめに

C言語は歴史のあるプログラミング言語の一つで、制御系のコンパイラ言語として開発されました。WindowsやUNIX系のOSや組み込みシステムからWeb開発まで幅広い分野で採用されています。

「プログラミングの学習はC言語から」といわれることがあります。C++、Java、PHPなどのプログラム言語の書式は、C言語から派生したこともあり「そっくり」です。プログラミングのスキルはC言語からスタートして業務などの適用範囲の広がりと共にステップアップしていきましょう。

現在、国や多くの企業はITを使って、情報インフラの構築や新規事業を図っています。農業・水産業などITとは縁遠かった分野にも「ITの活用」が進んでおり効果も出始めています。

高成長が期待できる技術として次の3つが挙げられます。
① IoTの普及と拡大
　「モノのインターネット化」とも呼ばれています。あらゆる「物」がインターネットと接続され、どこからでもデータ収集や遠隔制御ができるようになり、付加価値につながるサービスが提供されるでしょう。
② 人工知能（AI）の活用
　インターネットの検索データ、ネットショッピングなどから得られた膨大な「ビッグデータ」を分析してマーケティングに活かしたり、スマートスピーカーや自動音声翻訳機が実用化されていたりするのは「AI」によるものです。
② クラウド機能の拡大
　社内外の共有データをクラウド化して、本支店間の業務効率の向上を図ることや、働き方改革の一つとしての在宅勤務などが可能となっています。

これらの最新技術には高度なプログラムが使われています。今後も「質」「量」ともに需要は拡大するでしょう。

これからIT分野で活躍したいと思っている学生やITエンジニアを目指す社会人の方には「陳腐化しないプログラミング技術」を身に付けてください。この本は入門書ですが、今後につながる内容と思い執筆しました。IT分野への最初の一歩となれば幸いです。

皆さんへのお願いです。開発環境を構築して実際にサンプルプログラムを入力し実行してください。学習を進めて行く段階で疑問などがあったら、プログラムを修正して試してください。それらが理解度を高めることにつながると思います。ぜひとも心がけてください。

　　平成30年8月

　　　　　　　　　　　　　　　　　　　　　　　　　　　　　　　　　　　小谷和弘

目次

はじめに ……………………………………………………………… 003
本書をお読みになる前に …………………………………………… 010

CHAPTER 1 プログラミングの準備をしよう

SECTION 01 C言語とは ……………………………………………… 012
C言語の歴史 …………………………………………………… 012
C言語の特徴 …………………………………………………… 013
コンパイル型言語の特徴 ……………………………………… 013
プログラミング言語ランキングでも常に上位 ……………… 015
幅広いC言語の用途 …………………………………………… 015

SECTION 02 Visual Studio Communityのインストール …………… 016
Visual Studio Communityのダウンロード ………………… 016
インストールするコンポーネントを選ぶ …………………… 018
Visual Studio Communityの起動とサインイン …………… 019

CHAPTER 2 C言語プログラミングの基本

SECTION 01 最初のC言語プログラム ……………………………… 022
プロジェクトの管理 …………………………………………… 022
プログラムの作成 ……………………………………………… 023
プログラムのビルドと実行 …………………………………… 032
ソースコードの説明 …………………………………………… 035

SECTION 02 C言語のプログラムの書き方 ………………………… 036
C言語プログラムの構造 ……………………………………… 036
プログラムをトークンに分ける ……………………………… 037

	コメントの記述	038
	インデント（字下げ）	039
SECTION 03	**プログラム開発の手順**	040
	プログラム開発の流れ	040
COLUMN	コンパイルエラーや論理(実行)エラーの主な原因	042

CHAPTER 3 　変数と演算子

SECTION 01	**定数と変数**	044
	定数とは	044
	変数とは	044
	変数の型	045
SECTION 02	**変数の宣言と使い方**	047
	変数はなぜ必要か？	047
	変数の宣言	047
	変数の代入	049
SECTION 03	**算術演算**	051
	四則演算の実行	051
	累乗の実行	053
	キャスト変換	054
SECTION 04	**いろいろな演算子**	056
	余りの計算	056
	演算子の優先順位と結合規則	058
	インクリメント演算子とデクリメント演算子	060
COLUMN	実数(小数)には剰余演算子「％」は使えません	058
	代入演算子(＝)が複数ある場合の実行順	060
	代入演算子とは	062

CONTENTS

CHAPTER 4 　標準装置の入出力

SECTION 01　画面への表示 ……………………………………………066
　出力関数の使い方 ……………………………………………066
　変数の値の出力 ………………………………………………067
　printfの変換指定子 …………………………………………069
　エスケープシーケンス ………………………………………072

SECTION 02　キーボードからの入力 …………………………………074
　変数への入力 …………………………………………………074
　複数のデータの入力 …………………………………………076
　scanf()の注意点 ……………………………………………078

COLUMN
　「%」記号を表示するには ……………………………………072
　入力時の区切り文字 …………………………………………078
　文字の入力が正しくできない ………………………………080
　warning4996の解消法 ………………………………………081

CHAPTER 5 　条件分岐

SECTION 01　分岐処理とは ……………………………………………084
　分岐で処理の流れを変える …………………………………084
　フローチャート（流れ図） ……………………………………084

SECTION 02　if文による条件分岐 ……………………………………086
　条件式と比較演算子 …………………………………………086
　if文の分岐機能 ………………………………………………089
　elseのないif文 ………………………………………………091

SECTION 03　複数条件の分岐と論理演算子 …………………………093
　複数条件をif文で組み合わせる ……………………………093
　論理演算子 ……………………………………………………095

SECTION 04	**多分岐処理** ……………………………………………………………………099
	if文による多分岐処理（if 〜 else if）………………………………………099
	switch文による多分岐処理 …………………………………………………101
COLUMN	if 〜else if文とswitch文の違いと使い分け ……………………………… 106

CHAPTER 6 ループ処理

SECTION 01	**ループ処理とは** ………………………………………………………………108
	ループ処理の考え方 …………………………………………………………108
	ループのフローチャート ……………………………………………………109
SECTION 02	**ループ構文の種類** ……………………………………………………………111
	前置型と後置型 ………………………………………………………………111
	while文を使う…………………………………………………………………112
	繰り返しと条件分岐 …………………………………………………………114
	break文の役割を知る ………………………………………………………115
	無限ループの取り扱い方 ……………………………………………………116
	for文を使う……………………………………………………………………117
	複数継続条件、どの条件で終了したか ……………………………………121
	continue文の役割 …………………………………………………………124
	変数のスコープ ………………………………………………………………125
	do-while文を使う ……………………………………………………………126
SECTION 03	**二重ループ** ……………………………………………………………………128
	二重ループにチャレンジ ……………………………………………………128
	二重ループとbreak文 ………………………………………………………131
COLUMN	for文の記述ミス ……………………………………………………………… 120
	乱数について ………………………………………………………………… 123
	ゼロサプレスとは ……………………………………………………………… 130

CONTENTS

CHAPTER 7 配列とループ処理

SECTION 01 配列 …………………………………………… 134
配列とは …………………………………………… 134

SECTION 02 配列の基本操作 …………………………………………… 137
配列の宣言と代入 …………………………………………… 137
配列の宣言と初期設定 …………………………………………… 139
配列要素数の取得とインデックスの扱い …………………………………………… 140

SECTION 03 配列のループ処理とサンプルプログラム …………………………………………… 144
配列の要素を表示する …………………………………………… 144
要素の入力と最大値を求める …………………………………………… 145
サイコロの目の出現回数を集計する …………………………………………… 149
配列の要素を複写する …………………………………………… 152
配列の要素を交換する …………………………………………… 155

COLUMN コンパイルエラーと論理エラー …………………………………………… 143
「最大値を求める」もう1つの方法 …………………………………………… 149
2次元配列の基本的な操作方法 …………………………………………… 160

CHAPTER 8 文字列とループ処理

SECTION 01 文字列とは …………………………………………… 162
文字型配列との違い …………………………………………… 162
文字列の宣言と初期設定 …………………………………………… 163

SECTION 02 文字列の入力と画面表示 …………………………………………… 165
文字列の要素を参照 …………………………………………… 165
文字列の画面表示 …………………………………………… 166
文字列のキーボード入力 …………………………………………… 169

SECTION 03	**文字列のサンプルプログラム** …………………………………………………172	
	文字列の暗号解読 ……………………………………………………………172	
	簡易タッチタイピング …………………………………………………………174	
	CSV形式の文字列を分割する ………………………………………………176	
SECTION 04	**文字列の標準関数** ……………………………………………………………179	
	文字列処理関数の使い方 ……………………………………………………179	
	パスワード入力チェック ………………………………………………………181	
	メールアドレスを編集する ……………………………………………………183	
COLUMN	文字コード(UTF-8)について ………………………………………………… 171	

索引 ……………………………………………………………………………………… 187
サンプルファイルのダウンロード ………………………………………………………… 190

■ 本書をお読みになる前に

・本書に記載された内容は、情報の提供のみを目的としています。したがって、本書を用いた運用は、必ずお客様自身の責任と判断によって行ってください。ソフトウェアの操作や掲載されているプログラム等の実行結果など、これらの運用の結果について、技術評論社および著者、サービス提供者はいかなる責任も負いません。
・本書記載の情報は、2018年8月現在のものを掲載しています。ご利用時には変更されている場合もあります。ソフトウェア等はバージョンアップされる場合があり、本書での説明とは機能内容や画面図などが異なってしまうこともあり得ます。本書ご購入の前に、必ずバージョン番号をご確認ください。
・本書の内容は、以下の環境で動作を検証しています。

・Windows 10
・Visual Studio Community 2017

以上の注意事項をご承諾いただいた上で、本書をご利用願います。これらの注意事項をお読みいただかずにお問い合わせいただいても、技術評論社および著者、サービス提供者は対処しかねます。あらかじめ、ご承知おきください。

本文中の会社名、製品名は各社の商標、登録商標です。

CHAPTER

1

プログラミングの準備をしよう

01 C言語とは
02 Visual Studio Communityのインストール

SECTION 01 C言語とは

C言語は制御系の高級言語として開発されました。開発から半世紀近く経った現在もシステム開発の第一線で幅広い分野で採用されています。このSECTIONでは、C言語の歴史・特徴・プログラム言語の注目度・新たな適用分野などについて説明します。

◎ C言語の歴史

C言語は、1972年にデニス・リッチー氏によって開発された手続き型プログラミング言語です。同氏は、オペレーティングシステム「UNIX」の開発で有名な技術者です。

当時、「UNIX」はアセンブリ言語で書かれていましたが、移植性を高めるため高水準なプログラミング言語で書き直すことを目的として開発されたのが「C言語」でした。コンピュータの普及と共に、UNIXが世界的に広まり、同時にC言語も広く知られることになりました。

1989年、世界標準化機構（ISO）と米国規格協会（ANSI）は、C言語の規格の標準化を定め、それ以降は数度の改定があり現在に至っています。

昨今は、C言語のプログラミング技術と併せてコンピュータの基礎的な知識を学習するケースを多く見かけます。大学や専門学校などの教育機関ではカリキュラムの一部として取り入れられています。

図1-1 ▶ C言語の変遷

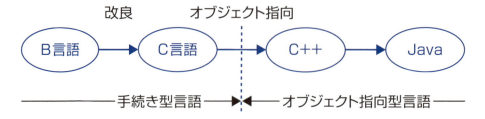

C言語の特徴

①シンプルな言語仕様
　言語仕様がシンプルなので習得が容易です。C言語から派生した言語の「C++」「Java」など、他言語へのスキルの移行がスムーズにできます（図1-1）。

②生産性が高い
　構造化プログラミングに適した言語仕様なので、ソフトウェアの生産性の向上が期待できます。また、プログラムの部品化が可能で他システムへの移植性が高いといえます。

③柔軟性が高い
　データ構造に柔軟性があるので幅広い分野のアプリケーション開発にも適用できます。

④豊富なライブラリ
　標準関数として数多くのライブラリが提供されています。それらを利用することで効率よくプログラムを作成することができます。

⑤ハードウェアとの親和性が高い
　ハードウェアとの親和性が高く、OSや周辺機器のドライバーソフトウェアの開発にも適しています。無駄のない実行ファイルが生成できるので、コンパクトなメモリ容量で高速処理ができます。

⑥コンパイル段階でエラーチェックできる
　「データの型」や「関数の引数リスト」などの基本的な記述や文法については、コンパイルの段階でチェックができるので、多くのエラーを実行前に検出し修正ができます。

コンパイル型言語の特徴

　⑤で述べたように、C言語では「コンパクトなメモリ容量で高速処理」が実現できます。その理由の一つとして、プログラムの実行形式の違いがあります。
　プログラムは、コンピュータが直接実行できるわけではありません。何らかの方法でプログラムをコンピュータが理解できる機械語に変換する必要があります。変換する方式によって、大きくはインタープリタ方式とコンパイル方式に分けられます。

インタープリタ方式

プログラミングしたソースコードを処理の順番に読みながらコードを解析し、インタープリタが持つ機械語に変換し、瞬時に実行します（図1-2）。コードの読み込み・解析・実行を逐次繰り返しながら処理を行います。実行速度は、コード解析が毎回行われるために遅く、メモリ容量は、解析するインタープリタを常駐させるために大きくなります。BASIC、PHP、Perlなどが代表的なインタープリタ型言語です。

図1-2 インタープリタ方式

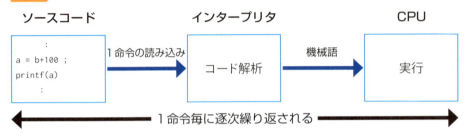

コンパイル方式

プログラミングしたソースコードは、そのままではコンピュータが実行できません。そのためコンパイラと呼ばれるソフトウェアで一括して機械語に翻訳され、実行可能なオブジェクトプログラムに変換されます（図1-3）。

実行前に一括してコンパイルされるので実行速度は速く、メモリ容量は実行に必要なオブジェクトプログラム（機械語）だけしか展開されないためコンパクトなものとなります。

注意点としては、コンパイルしたオブジェクトプログラムを直接に他の環境（OSやCPU）で実行できないことがあります（ソースコードは共通化されているので実行環境でコンパイルするとよいでしょう）。C言語、C++、FORTRAN, COBOLなどが代表的なコンパイル型言語です。

図1-3 コンパイル方式

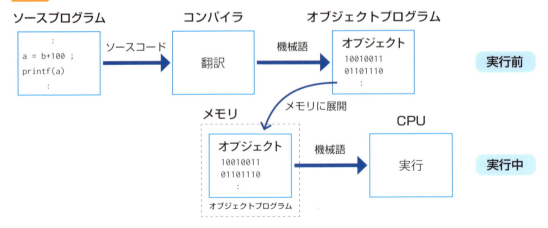

◎ プログラミング言語ランキングでも常に上位

　TIOBE Software社は、GoogleやYahooなど検索エンジンの検索結果をベースにして、プログラミング言語を毎月ランキングしています。

　C言語はWebアプリケーションなどに多く使われている「Java」と双璧をなしており、検索割合は15％程度で世界的にも注目されています（図1-4）。

図1-4　プログラミング言語ランキング（2018年6月）

Jun 2018	Jun 2017	Change	Programming Language	Ratings	Change
1	1		Java	15.368%	+0.88%
2	2		C	14.936%	+8.09%
3	3		C++	8.337%	+2.61%
4	4		Python	5.761%	+1.43%
5	5		C#	4.314%	+0.78%
6	6		Visual Basic .NET	3.762%	+0.65%
7	8	▲	PHP	2.881%	+0.11%
8	7	▼	JavaScript	2.495%	-0.53%
9	-	▲▲	SQL	2.339%	+2.34%
10	14	▲▲	R	1.452%	-0.70%
11	11		Ruby	1.253%	-0.97%
12	18	▲	Objective-C	1.181%	-0.78%
13	16	▲	Visual Basic	1.154%	-0.86%

TIOBE Index for June 2018（https://www.tiobe.com/tiobe-index/ より）

◎ 幅広いC言語の用途

　プログラムのメモリ容量がコンパクトで処理速度も高速であることから、ファームウェアやリアルタイム性が重要視されるファクトリー制御システム、SafariやChromeなどのブラウザ、Webサーバーなどのインターネットの基盤を支えるインフラサービスの開発にも使われています。

　近年、「IoT」（モノのインターネット化）や「AI」（人工知能）の発展に合わせてさまざまなIT機器、ロボットや各種センサーを内蔵した家庭用デバイスなどの市場拡大が予想されています。

　IoT機器の開発言語としては、センシング機能、インターネット機能などはもちろんのこと、「メモリコンパクトで高速処理」「高い移植性」（類似機器への高い流用性）などの特徴を考えたとき、C言語が最適な言語ともいわれています。

　C言語の学習は、今後IoT市場が拡大し、組み込みソフトウェアやシステム開発に携わるITエンジニアの需要が高まっていく中でも、必ず役立っていくでしょう。

　プログラミングの基礎を学びたい人も、ITエンジニアを目指す人も、まずは、ここからC言語習得への一歩を踏み出しましょう。

SECTION 02 Visual Studio Communityの インストール

C言語の開発環境はさまざまなものがありますが、Windows環境で主流となっているのがMicrosoft社のVisual Studioです。本書では無償で利用できる「Visual Studio Community 2017」を利用して学習していきます。まずはMicrosoft社のサイトからVisual Studio Community 2017をインストールしましょう。

◎ Visual Studio Communityのダウンロード

Visual Studio Communityは、学生、オープンソース、個人の開発者向けに無料で公開されている統合開発環境です。利用者や目的が制限されていますが、機能は有料のProfessionalと変わりません。さっそくMicrosoft社のサイトからダウンロードしてみましょう（図1-5）。

・Visual Studioのダウンロード
https://visualstudio.microsoft.com/ja/downloads/

図1-5 ▶ Visual Studioのダウンロード

ダウンロードしたファイルを実行すると、最初に「ユーザーアカウント制御」の画面が表示されるので、＜はい＞をクリックします（図1-6）。

図1-6 ユーザーアカウント制御

Visual Studio Installerが起動します。＜続行＞をクリックすると、ダウンロードとインストール作業が開始されます（図1-7）。

図1-7 Visual Studio Installer

◎ インストールするコンポーネントを選ぶ

しばらくすると、コンポーネントを選択する画面が自動的に表示されます。Visual Studio はC言語以外にもさまざまなプログラミング言語に対応しているため、使用したい言語に対応するコンポーネントを選択します。C言語による開発を行う場合は、＜C++ によるデスクトップ開発＞を選択します（図1-8）。

図1-8 コンポーネントの選択

C言語で開発するためのコンポーネントがダウンロードされます。環境によっては数十分ほど時間がかかることがあります（図1-9）。

図1-9 コンポーネントのダウンロード

◎ Visual Studio Community の起動とサインイン

インストール後のVisual Studio Communityは、他のアプリケーション同様、スタートメニューから起動します。

Visual Studio Communityを利用するには、Microsoftアカウントによるサインインが必要です（図1-10）。Windows 8以降ではMicrosoftアカウントの登録が一般化しているので、多くのユーザーはすでに所有しているはずです。所有していない場合は、＜サインアップ＞をクリックして登録してください。

図 1-10 Visual Studio Community の起動

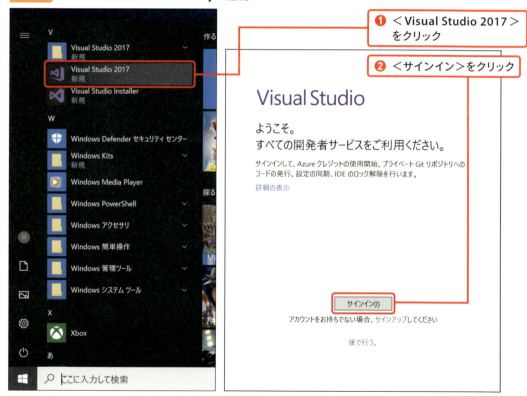

❶ ＜Visual Studio 2017＞をクリック

❷ ＜サインイン＞をクリック

Microsoftアカウントのユーザー名とパスワードを求められるので、入力していきます。ユーザー名はサインアップ時に作成したメールアドレスです（図1-11）。

図 1-11 ユーザー名とパスワードの入力

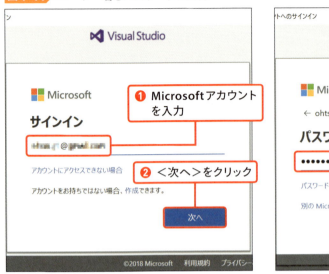
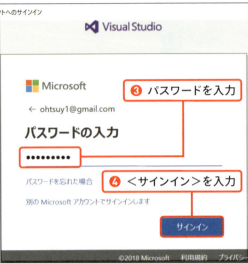

Visual Studio Communityが起動しました（図1-12）。次章以降の解説にしたがって、プログラムの開発を進めていきましょう。

図 1-12 Visual Studio Communityが起動した

CHAPTER

2

C言語プログラミングの基本

01　最初のC言語プログラム
02　C言語のプログラムの書き方
03　プログラム開発の手順

SECTION 01 最初のC言語プログラム

CHAPTER 1で「Visual Studio Community」のインストールが完了して、プログラミングの準備が整いました。本章では簡単なプログラムの作成を通じて、「Visual Studio Community」の使い方や作成するプログラムファイルの扱い方など、今後の学習に必要な知識・技術について説明します。

◎ プロジェクトの管理

プログラムはプロジェクト単位に作ります。今後、学習を続けていくとたくさんのプログラム（プロジェクト）を作るので、管理が煩雑になります。そこで、章ごとにプロジェクト管理フォルダーを作成し、その中にプロジェクトとソースファイルを作成します（図2-1）。

図2-1 プロジェクトに関するフォルダーの階層構造

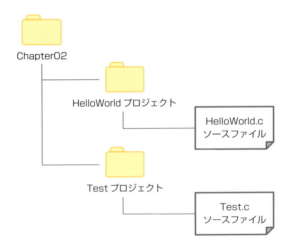

- フォルダー「Chapter02」は2章のプロジェクト管理フォルダーです（将来は図2-1のように複数のプロジェクトが作成されます）。
- フォルダー「HelloWorldプロジェクト」はソースファイルや実行するオブジェクトファイルなどの情報が設定されます。
- ソースファイル「HelloWorld.c」は作成するプログラム本体です。

> **POINT**
>
> 2章から8章まで章ごとに、プロジェクト管理フォルダー「Chapter02」から「Chapter08」を作成します。

◎ プログラムの作成

Visual Studio Communityにプログラムを作成します。次のような順番で作業を進めます。

❶ プロジェクトを作成

- 各章で最初のプロジェクト作成を行う際、プロジェクト管理フォルダー「Chapter0x」を作成します（2章なら「Chapter02」です）。
- 各章のプロジェクト管理フォルダー内にプログラムを管理するプロジェクトを作成します。

❷ ソースファイルを作成

- ①で作成したプロジェクト内にソースファイルを作成して、ソースコードを入力します。

❸ ビルド（コンパイル）

- 記述ミスなどの文法エラー（コンパイルエラー）があれば修正します。

❹ 実行

- プログラムを実行してその結果を確認します。

※「③ビルド（コンパイル）」と「④実行」を一度に操作することもできます（P.34参照）。

● プロジェクトを作成する

それでは、「HelloWorldプロジェクト」と「HelloWorldソースファイル」を作成しましょう。

❶ Visual Studio Communityの＜ファイル＞メニューをクリックし、＜新規作成＞をポイントして＜プロジェクト＞をクリックします（図2-2）。

図2-2 ▶ プロジェクトの作成

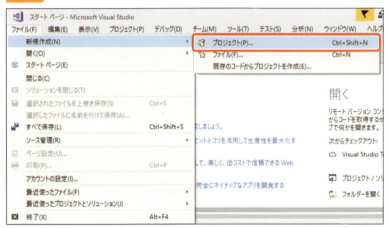

❷ ＜新しいプロジェクト＞ダイアログボックスが表示されます。

＜インストール済み＞の一覧で＜Visual C++＞をダブルクリックし、＜Windowsデスクトップ＞をクリックします。画面中央の一覧に＜Windowsデスクトップウィザード＞が現れます（図2-3）。＜参照＞をクリックしてください。

> **POINT**
>
> 章名のフォルダーを作成するのは各章で1回です。それ以外はフォルダーを作成せずに図2-5の手順に進んでください。

図2-3 ＜新しいプロジェクト＞ダイアログボックス

❸ **各章のプロジェクト管理フォルダーを作成します。**

　＜プロジェクトの場所＞ダイアログボックスが表示されます（図2-4）。フォルダーのパスは次のようになっているはずです。

```
C:¥ …¥<ユーザー名>¥source¥repos
```

図2-4 ＜プロジェクトの場所＞ダイアログボックス

❶ ＜新しいフォルダー＞をクリック

❷ 「Chapter02」と入力して Enter キーで確定

このreposフォルダー内に「Chapter02」を作成します（図2-5）。章ごとに番号は変わります。

図2-5 ▶ プロジェクト管理フォルダー「Chapter02」作成完了

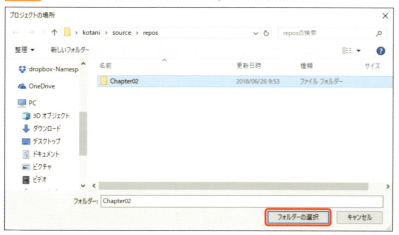

＜フォルダーの選択＞をクリックすると、＜新しいプロジェクト＞ダイアログボックスに戻ります。

COLUMN | **パスとは**

「ファイルやフォルダー」がコンピュータ内のどこにあるかを示すのが「パス（経路）」です。
ファイルを操作するときなど、ファイル名だけでは、ファイルの存在する場所が特定できず操作はできません。
そこで、Windowsでは「ドライブ名」＋「フォルダーの階層化」＋「ファイル名」の形式で特定しています。

- 最初のドライブ名だけは、"C:"とします。
- フォルダーの階層化はフォルダーが入れ子になっているのでフォルダーごとに"¥"で区切って表します。
- フォルダーの階層化とファイル名の区切りも"¥"で行います。

これから作成するソースファイル名「HelloWorld.c」のパスは次のようになります。

```
C:¥Users¥<ユーザー名>¥source¥repos¥Chapter02¥HelloWorld¥HelloWorld.c
```

＜ユーザー名＞の部分には、パソコンに登録しているユーザー個々の名前が入ります。
パスは、ファイルやフォルダーを操作する上で重要な考え方です。漢字のフォルダ名を見かけますが、プログラム開発では漢字名のフォルダーは厳禁です。半角の英数字を使いましょう。

❹ プロジェクト作成を進めます。

<新しいプロジェクト>ダイアログボックスで設定を進めていきます（図2-6）。

図2-6 <新しいプロジェクト>ダイアログボックス（プロジェクト管理フォルダー選択済み）

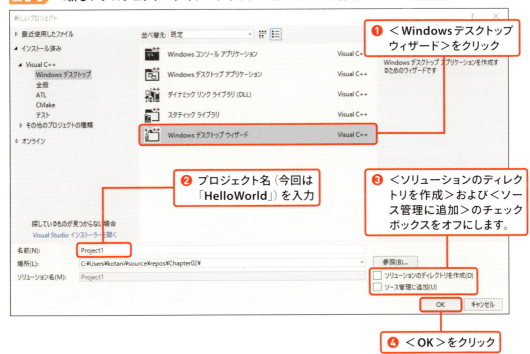

プロジェクト名はサンプルプログラムによって変わりますが、必ず半角英数字で入力するようにしてください。プロジェクトを作成するフォルダーは、今回は「C:¥ …¥<ユーザー名>¥source¥repos¥Chapter02¥」ですが、章ごとにChapter番号が変わります。

<OK>をクリックすると、<Windowsデスクトッププロジェクト>ダイアログボックスが表示されます（最初は多少時間がかかるかもしれません）。

次にプロジェクトを「どのような用途で使用するか」を選択します（図2-7）。

図2-7 ＜Windowsデスクトッププロジェクト＞ダイアログボックス

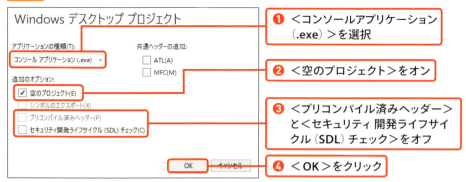

❶ ＜コンソールアプリケーション（.exe）＞を選択
❷ ＜空のプロジェクト＞をオン
❸ ＜プリコンパイル済みヘッダー＞と＜セキュリティ開発ライフサイクル（SDL）チェック＞をオフ
❹ ＜OK＞をクリック

◉ ソースファイルの作成

図2-8は、プロジェクトを作成した直後の状態です。ソースファイル「HelloWorld.c」を＜ソリューションエクスプローラー＞内のソースファイルフォルダーに作成します。

図2-8 プロジェクト作成完了

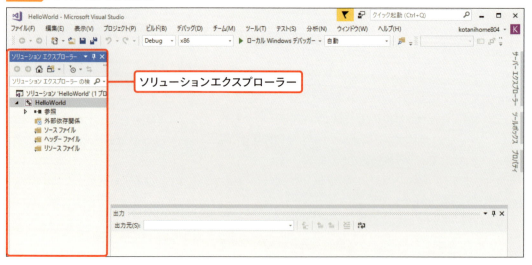

＜ソリューションエクスプローラー＞内の＜ソースファイル＞を右クリックし、＜追加＞をポイントして＜新しい項目＞をクリックします（図2-9）。

図2-9 ソースファイルの作成

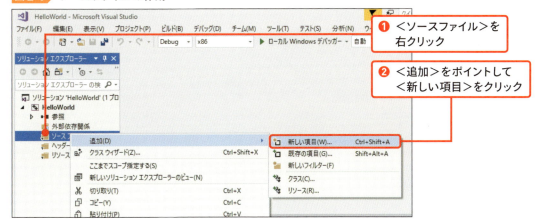

❶ <ソースファイル>を右クリック
❷ <追加>をポイントして<新しい項目>をクリック

<新しい項目の追加>ダイアログボックスが表示されます。ソースファイルの種類とファイル名を設定します（図2-10）。

図2-10 <新しい項目の追加>ダイアログボックス

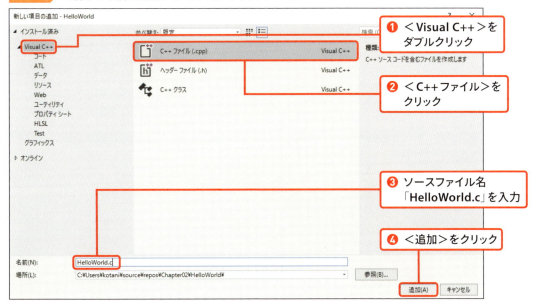

❶ <Visual C++>をダブルクリック
❷ <C++ファイル>をクリック
❸ ソースファイル名「HelloWorld.c」を入力
❹ <追加>をクリック

POINT

C言語という選択肢がないので、ファイル名の拡張子を「cpp」から「c」に変更します。

● ソースコードの入力

図2-11のようにソースファイルアイコンの下部に「ソースファイルHelloWorld.c」が作成され、中央部には「コードエディター」が用意されました（図2-11）。

図 2-11「コードエディター」の初期画面

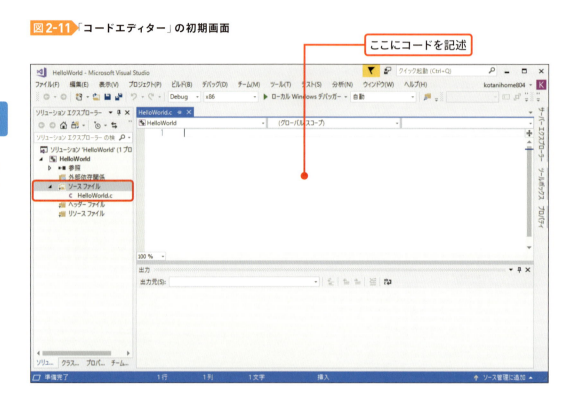

❺ ＜コードエディター＞に次のプログラムを入力してください（リスト 2-1）。

リスト 2-1 HelloWorld.c

```c
#include <stdio.h>
int main(){
    printf("HelloWorld!") ;
    return 0 ;
}
```

POINT

プログラムを入力するときは、次の点に注意してください。

すべて半角英数字で入力します（全角文字は使いません）。
スペースは半角コードで入力します（全角スペースは使いません）。
大文字と小文字は明確に区別します。
インデント（字下げ）はTABキーまたは半角スペース4個で行います（P.39参照）。
文の最後のセミコロン（;）も忘れないようにしましょう。

❻ 入力が終了したらソースファイルを保存します（図2-12）。

図2-12 「コードエディター」 プログラム入力完了

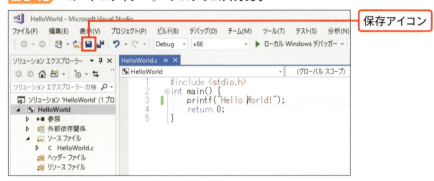

保存するには、＜ファイル＞メニューの＜ソースファイル名の保存＞をクリックするか、ツールバーの 💾 アイコンをクリックします。

◎ プログラムのビルドと実行

◉ プログラムのビルド

ソースファイルをコンパイル（翻訳）して、コンピュータが実行できるように「オブジェクトファイル」を作ります。これを**ビルド**といいます（図2-13）。

図2-13 ビルド

＜ビルド＞メニューをクリックし、＜ソリューションのビルド＞をクリックするとコンパイルが行われ、コンパイル結果が下部の「出力ウィンドウ」に表示されます（図2-14）。

図2-14 ビルドの結果表示（コンパイルエラーなし）

「正常終了で、失敗（コンパイルエラー）はありません。」という結果の表示です。

これで実行ができるようになりました。
その前に、ソースコードを変更してコンパイルエラーがどのようなものか見てみましょう。

＜ソースコードの変更＞

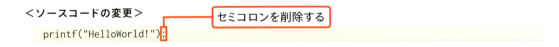

ソースファイルを保存してビルドします。「出力ウィンドウ」には次のように表示されました（図2-15）。

図2-15 出力ウィンドウの表示（コンパイルエラーあり）

「helloworld.c(4)」はソースコードの4行目のこと

エラーの原因は3行目のセミコロン（;）がないことですが、「次の文」との関連性で判断しているので4行目と表示されています。コンパイルエラーが出たら、エラー原因を把握して、指摘された行の「前後の文」を確認しましょう。

POINT

3行目のセミコロン（;）を追加しビルドして、コンパイルを正常終了してください。

● プログラムの実行

コンパイルして作成した実行可能な「オブジェクトファイル」を実行します。＜デバッグ＞メニューをクリックし、＜デバッグなしで開始＞をクリックして、実行します（図2-16）。

図2-16 実行（デバッグなしで開始）

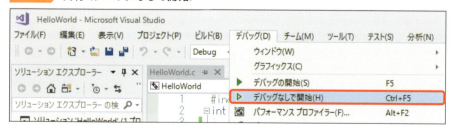

すると、「コンソール」(別ウィンドウの黒い画面)にプログラムの演算結果などが表示されます(図2-17)。HelloWorldプロジェクトでは、「HelloWorld!」が表示されれば成功です。

図2-17 実行結果が表示されたコンソール

もし、表示が違っていれば、3行目の「printf("HelloWorld!") ;」のダブルクォーテーション「"」で囲まれた文字列(HelloWorld!)が違うと思われます。確認してください。

確認したらキーボードで Enter キーなどの任意のキーを押してコンソールを閉じます。

ここまでで、「プロジェクト作成 → ソースファイル作成 → ビルド → 実行」の手順(プログラムを書いて動かすまでの基本手順)を説明しました。

POINT

＜デバッグなしで開始＞の代わりに＜デバッグの開始＞を選択しても実行できますが、実行後にすぐコンソールが閉じてしまいます。

● ビルドの省略

ビルドの手順を省略しても実行は可能です。

「プログラムのビルド」(P.32)を省略して「プログラムの実行」(P.33)の＜デバッグなしで開始＞を行うと、図2-18のダイアログが表示されます。＜はい＞をクリックすると「ビルドと実行」を連続して行います(図2-18)。

ソースファイルを変更すると必ずビルドは行われます。最初で慣れない間は、「ビルド」でコンパイル結果を確認したほうがいいでしょう。

図2-18 ビルドの確認ダイアログ

◎ ソースコードの説明

　ここまでは、リスト2-1のプログラム（ソースファイル）を作り、動かす（実行する）手順だけを説明してきました。ここでは、肝心のプログラム（ソースコード）について簡単に説明します。

・1行目
```
#include <stdio.h>
```

　プログラムは画面にメッセージを表示します。表示するにはシステムが提供する標準関数printf()を使います。その情報があるファイル（stdio.h）を組み込んで（includeして）います。

・2行目
```
int main(){
```

　main()関数は1プロジェクトに1つだけ定義され、main関数から実行が開始されます。後に続くブロック{}の中に「実行する処理」を記述します。

・3行目
```
printf("HelloWorld!") ;
```

　printf()関数の()の中に、画面に表示させたいメッセージを、「"」で囲んで記述します。表示するメッセージは「HelloWorld!」なので「"」で囲んでいます。行末の「;」は、その行の終了コードです。もし、書かなければ次の行とつながっていると見なされコンパイルエラーとなります。

・4行目
```
return 0 ;
```

　main()関数から戻る命令なので、実行するとmain()関数は終了します。その際に、関数の処理結果として整数「0」を戻しています（今は、1つの約束事として理解してください）。

POINT

プログラムで関数を使用するためには、あらかじめその関数が宣言された「ヘッダファイル（.h）」を組み込んでおく必要があります。

SECTION 02 C言語のプログラムの書き方

前のSECTIONでは「Visual Studio Community」の操作方法を中心に見てきましたが、ここでは、C言語プログラムの構成や基本的な書き方を説明します。プログラムは正しく機能するだけではなく、読みやすさや機能変更に伴う保守性も重要です。

◎ C言語プログラムの構造

C言語の書式はフリーフォーマットといわれていますが、読みやすさなどを考慮すると、ある程度の制限を持った書き方が慣例化しています。

◉ プログラムの基本的な構成

プログラムの基本的な構成を図にまとめてみました。網掛け部分がプログラムの型枠となる部分です（図2-19）。

図2-19　C言語main関数の構成

```
int main(){

    作業領域の宣言部
      （変数・配列の宣言）

    処理部
      （データ入力・演算・出力）

    return 0 ;
}
```

型枠の中に書くものは大きく2つに分けることができます。

①作業領域の宣言部
プログラムで使う作業用の領域を宣言します（変数は3章、配列については7章で説明します）。

②処理部
一般的には、C言語の文法にしたがって、データを入力し、演算や加工をして、出力します。プログラムとして機能する本体の部分で、複数の命令文から構成されています。

◎ プログラムをトークンに分ける

プログラムにとって「意味がある最小単位の単語・記号」に分けたものをトークンといいます。リスト2-1をトークンに分けてみます（図2-20）。

図2-20 ▶ C言語main関数の構成

```
#include    <  stdio.h  >
int  main  (  )  {
    printf  (  "HelloWorld!\n"  )  ;
    return  0  ;
}
```

網掛けの部分がトークンです。コンパイラーはこのトークンを単位としてコンパイルします。トークンをさらに分割したり、結合したりするとコンパイルエラーとなります。

- 「printf」を「print」と「f」に分けて書くとコンパイルエラーとなります。
- 「int」と「main」をくっつけて「intmain」とすると、意味がわからないためにコンパイルエラーとなります。

トークンとトークンの間に、半角スペース、タブ、改行は入れることができます。後述するコメントやインデントのタブなども記述することができるので、読みやすいプログラムを書きましょう。

◎ コメントの記述

　C言語は、プログラム中に説明を付加する機能を持っており、これを**コメント**といいます。コメントは、プログラムの中に書き込んでおく説明文で、コンパイルされるときには無視されるので、プログラムの動作には影響を与えません。書き方の規約はありません。命令個々の説明ではなくて、「何をしているのか」などブロック単位の機能説明がいいでしょう。

　コメントのメリットとしては次の項目が挙げられます。

- プログラムが読みやすくなります。
- 機能の追加・変更など自身の保守作業がしやすくなります。
- 担当者以外の技術者が読む手助けになります。

　リスト2-2は、リスト2-1にコメントを付け加えています。

リスト2-2 　コメントの例

```c
/*
   C言語最初のプログラム
   プロジェクト名:HelloWorld   ソースファイル名：HelloWorld.c
*/                                                              ← 範囲コメント
#include <stdio.h>
int main(){
    // 標準出力装置にHelloWorld!を表示                          ← 一行コメント
    printf("HelloWorld!\n") ;
    return 0 ;
}
```

コメントの記述方法は次の2とおりがあります。

①1行コメント
「//」より後ろの部分から改行までがコメントの範囲です。

②範囲コメント
「/*」と「*/」で囲んだ部分がコメントの範囲で、複数行に渡って記述できます。

POINT

「//」→「/ /」、「/*」→「/ *」のように記号の間にスペースを入れてはいけません。

◎ インデント（字下げ）

インデントとは、プログラムの階層的な構造を表現するために、右にずらして書く記述法のことです。

ブロック{}で囲まれた中の文は、階層ごとに右に少しずらすことが慣習化されており、タブ（Tab）や半角スペースでずらしています（図2-21）。

インデントする契機となるのがブロックの開始「{」で次の行から1タブ程度右へずれた位置からコードを書きます。ブロックの終了「}」で1タブ程度左へ戻ります。具体的には、「mainなどの関数ブロック」、「if文などの制御構文ブロック」です。if文は条件分岐の制御構文です。こちらについてはCHAPTER 5で詳しく説明します（先取りの要素が多くなりますが説明の都合上お許し願います）。

図2-21 制御構文とインデントの例

```
#include <stdio.h>
int main(){
    int hour = 13 ;
    if ( hour >= 12 ){
        printf("午後です。¥n") ;
    }
    return 0 ;
}
```

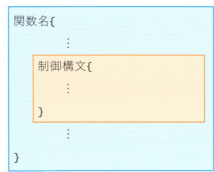

❶ main()のブロック{で次行からインデントします。
❷ if文のブロック{で次行から再度インデントして階層化します。
❸ if文のブロック}でインデントを戻します。

インデントすることで制御構文の処理範囲が明確になり、可読性が向上します。

開発ツール「Visual Studio Community」のコードエディターは、「{」を入力すると「}」が補完され、改行キーを入力すると、自動的にインデントされます。大変使い勝手がいい機能です。

POINT

プログラムでは、{ … }の対が崩れているとコンパイルエラーになります。「(」と「)」、「'」と「'」、「"」と「"」も必ず対にして使います。

SECTION 03 プログラム開発の手順

プログラム開発では、システムの大小問わず、開発手順はある程度標準化しています。SECTION01の「Hello World」のような数行のプログラムには適用されませんが、標準的な手順を知ることは将来のITエンジニアとして必要な知識となると思われるので簡単に紹介します。

◎ プログラム開発の流れ

一般的なプログラムの作成手順と、その工程で作成されるファイルの種別を表しています（図2-22）。

図 2-22　プログラムの作成手順と生成ファイル

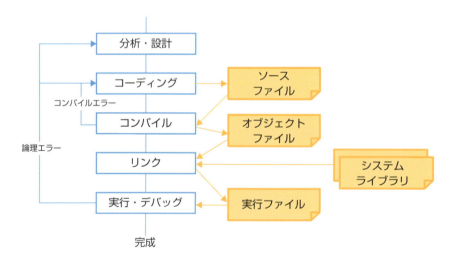

分析・設計	業務上の問題が発生した場合に何が問題なのか？　解決のアイデアを探り、解決法を見つけて具体的な手法「データ構造・アルゴリズム」を考えフローチャートなどの設計書を作成します。
コーディング	フローチャートなどの設計書に従い、C言語のような開発言語でソースコードを記述してソースファイルを作成します。
コンパイル	ソースファイルを機械語に翻訳して、オブジェクトファイルを作ります。記述ミスでコンパイルエラーがあればソースコードを修正して、再度コンパイルします。
リンク	コンパイルで作成したオブジェクトファイルに、システムが提供するライブラリなどを結合して、実行ファイルを作ります。
実行・デバッグ	設計とおりに動作するか確認します。正常に動作しない論理エラーがある場合は、デバッグを行います。原因を見つけてソースコードを修正し、再度動作を確認します。デバッグとは、プログラムの誤りであるバグを修正することです。

　ここでは、「Visual Studio Community」の使い方やプログラムの開発手順などを説明しました。次のCHAPTERからはC言語のプログラミングに必要な技術的な内容を説明いたします。サンプルコードを理解したら、機能を追加・変更などしてプログラムに慣れてください。

COLUMN　コンパイルエラーや論理（実行）エラーの主な原因

●コンパイルエラー
　①変数名や変数の型が違う
　　変数の宣言漏れ、スペルミス、宣言時のデータ型と実際に扱うデータとの違いです。
　②式のセミコロン（；）漏れ
　　一般的な式はセミコロン（；）で終了します。セミコロンがないと次式とつながって意味不明な式となります。
　③ペア書式の間違い
　　ペア（対）で意味を持つ書式があります。そのペアが崩れています。
　　ブロックの{ }、条件・関数の引数の( )、文字列・書式指定の" "、文字定義の' ' などです。
　④標準関数の扱い
　　使用する関数が定義されているヘッダファイルがインクルードされていない。また、関数に渡す引数の数や型および順序が間違っています。

●論理（実行）エラー
　①変数の初期設定漏れ
　　初期設定していない変数を参照すると不定なデータを扱って想定外の動作となります。変数は必ず初期設定またはデータを入力して使います。
　②繰り返し処理で無限ループになり処理が終わらない
　　継続判定の記述ミスで無限ループとなることがあります。比較演算子の記述ミス、ループの更新処理が適切なのかを確認します。
　③キーボード入力の誤り
　　標準入力関数 scanf() などの使用で、入力する変数の指定に誤りがあると、思わぬメモリを破壊することがあります。データを入力する変数のアドレスを適切に指定します。
　④配列操作の誤り
　　・配列宣言で指定した要素数以上のデータを設定または入力すると、メモリを破壊します。
　　　──配列は十分な大きさを宣言します。
　　・配列要素を参照、代入するインデックス（添字）が適切でないために想定外のデータであったり、メモリを破壊するおそれがあります。
　　　──インデックスの適切な管理が必要です。

※プログラミングの学習が進んでいないこの段階でエラーの原因を挙げても「意味がわからない」と思います。学習が進んでサンプルプログラムを実機で試すなどしてエラーが発生したらこのCOLUMNを見直してください。きっと参考になると思います。

CHAPTER

3

変数と演算子

01 定数と変数
02 変数の宣言と使い方
03 算術演算
04 いろいろな演算子

SECTION 01 定数と変数

ここからは、本格的なプログラミングをしていきます。プログラムで扱うデータは、大きく「定数」と「変数」に分けられます。特に、変数はプログラミングで重要な要素で、処理対象のデータを設定したり、参照したりするなど自由に扱えます。定数や変数の種類と取り扱い方法について説明します。

◎ 定数とは

定数とはプログラムの実行中に「変更されない数値や文字」のことです。数学では定数とは一定の数値のことで、整数と小数があります。C言語ではどうでしょうか？

C言語では、整数と小数に加えて文字や文字列があります。文字は1文字、文字列は複数文字のことで書き方が違います。つまり、定数にはいくつかの種類があり、種類に応じた書き方があります。**プログラムでは「種類」のことを「型」といいます。**

定数の型とC言語での表記法です。

① 整数型定数は、整数値です。　………　例　123　　-45
② 実数型定数は、小数値です。　………　例　678.9　　-0.5
③ 文字定数は、1文字の半角英数字をシングルクォーテーション「'」で囲みます。
　　　　　　　　　　　　　　　　………　例　'a'　'A'　'!'
④ 文字列定数は、複数文字をダブルクォーテーション「"」で囲みます。
　　　　　　　　　　　　　　　　………　例　"Hello World"　"技術評論社"

◎ 変数とは

プログラミングの重要な要素である変数について説明します。

変数（**variable**）とは、プログラムで処理するデータ（数値や文字）を一時的に記憶し、必要なときに

参照したり、新たなデータで書き換えたりするなど自由に操作できる箱のことです。上記のような処理によって変化するデータを扱う場合は、変数をプログラム内に宣言して使用します。

変数には名前を付けます、その名前を「**変数名**」といいます。例えば、整数型変数「value1」に整数値（100）を入れておくと、いつでも変数「value1」から数値（100）を取り出して使うことができます。また、「value1」のデータを同じ型の整数型変数「value2」にコピー（代入）することもできます（図3-1）。

図3-1 変数とは

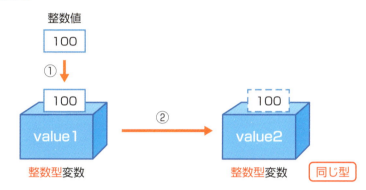

①変数にデータを入れる。
②他の変数にデータをコピーする。

プログラムでは変数名を使ってデータを扱うので、同じ名前の変数を重複して使うことはできません。以下は変数名の付け方のルールです。

- 第1文字目は必ず半角英字（A～Z, a～z）またはアンダースコア（_）で、数字は不可です。
- 2文字目以降には、数字、半角英字、アンダースコアが使えます。
- 英字の大文字と小文字は別の文字として扱われ、**goodsprice** と **goodsPrice** は別の変数です。
- 予約語（**int**、**if**、**else** など）は使えません。

◎ 変数の型

変数にはデータを入れます。変数に入れるデータには「型」があるので、変数も同一の「型」でなければ正しく入りません。

変数にも定数と同じ「型」があり、種類と表現可能な数値の大きさによって分けられます。

また、異なる型への代入は原則としてできません（図3-2）。

図3-2 変数の型と注意点

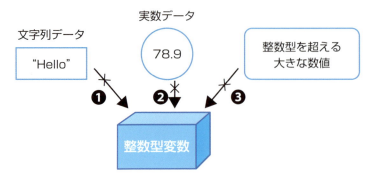

①整数型変数に文字列型データ「"Hello"」は入りません。
②整数型変数に実数型データ「78.9」は入りません。
③整数型変数が扱える数値を超えている場合も入りません。

コンピュータはこれらの「型」を厳密に区別します。定数と変数は必ず「同じ型」で使いましょう。

ここまでは、定数や変数の種類や特徴について説明しました。
次のSECTIONからは、変数に入れたデータを画面に表示するプログラムが出てきます。
データの画面表示についても、C言語では変数の「型」に対応した書き方が必要です。CHAPTER 4で詳しく説明しますが、ここではちょっと先行して必要最低限の説明をします。

```
printf("%d\n", 整数型の変数名);  ………❶
printf("%lf\n", 実数型の変数名); ………❷
printf("%c\n", 文字型の変数名);  ………❸
```

printf()は画面に表示する機能を持つ関数で、CHAPTER2の"HelloWorld!"を表示するときにも使いました。また、「\n」も改行コードとして使っています。

❶の"%d"は、カンマ (,) の右側の変数を10進数に変換します。
❷の"%lf"は、カンマ (,) の右側の変数を小数に変換します。
❸の"%c"は、カンマ (,) の右側の変数を文字に変換します。

それぞれ指定の変換で得られた数値や文字をprintf()で表示しています。是非、プログラムで「変数を表示するパターン」として覚えてください。

SECTION 02 変数の宣言と使い方

前のSECTIONで習得した知識は少し概念的なものです。ここからは実際に「変数の宣言」や「変数への代入や参照」をプログラミングしていきましょう。冒頭では、プログラムにおいて「変数はなぜ必要か？」を簡単に考えてみます。

◎ 変数はなぜ必要か？

例えば「ユーザーがキーボードから入力した数値の合計を求める」プログラムを考えてみましょう。処理は「数値入力」→「加算」を繰り返して合計値を求めます。この場合、次の点が定数では処理できません。

①入力された数値を受け取る
②入力された数値を加算する

など定数では絶対に処理できない部分が出てきます。そこを変数という箱に置き換えることでより有効で汎用性のあるプログラムが作成できます。
変数は定数と違い、後から何度でもデータを変えられるので、「変数を更新しながら、変数を再利用する処理」というプログラムが可能になります。

◎ 変数の宣言

プロジェクト管理用のフォルダー「Chapter03」を作成し、プロジェクト「UseVariable」とソースファイル「UseVariable.c」を作成してください（リスト3-1）。

リスト3-1 UseVariable.c

```c
#include <stdio.h>
int main(){
    int value = 70 ;              ……❶
    double point= 85.5 ;          ……❷
    char alphabet = 'A' ;         ……❸

    printf("%d¥n", value) ;       ……❹
    printf("%lf¥n", point) ;      ……❺
    printf("%c¥n", alphabet) ;    ……❻
    return 0 ;
}
```

コンパイルエラーがなければ、実行してください。実行結果は次のとおりです（図3-3）。

図3-3 UseVariable.c の実行結果

```
70
85.500000
A
```

変数の宣言はmain関数の最上部で行います。その後に初期値を設定（代入）します。

▶ 変数の宣言

書式　変数の型 変数名;

- - -
概要　変数の型と変数名を指定し「;(セミコロン)」を付けて宣言します。

リスト3-1では3つの変数を宣言しています。

❶整数型「int」で変数名「value」
❷実数型「double」で変数名「point」
❸文字型「char」で変数名「alphabet」

型は、C言語では決められた予約語を使います。表3-1に主な変数の型を記します。

表3-1 変数の型

変数の型	サイズ	種別	値の範囲
char	1バイト	文字型	-128～127
int	2バイト	整数型	-32768～+32767
long	8バイト	整数型	-2147483648～2147483647
float	4バイト	実数型（単精度実数）	-3.402823e+38 ～ 3.402823e+38
double	8バイト	実数型（倍精度実数）	-1.797693e+308 ～ 1.797693e+308

POINT

サイズや値の範囲は一般的なものです。厳密には、使用しているコンパイラーやオペレーティングシステムによって異なります。

通常は、整数型は **int** を使いますが、より大きな値は **long** を使います。実数型（小数）は **double** を使います。文字型は **char** で1文字です。文字列は特別な宣言のためCHAPTER 8 で説明します。

◎ 変数の代入

変数に値を代入するには「＝」を使います。数学では「値の代入」や「左右の値が等しい」といった意味で「＝」を使いますが、C言語では「右の値や変数を左の変数に代入する」という意味しかありません。

▶ 変数の代入

> **書式**　変数 ＝ 値;
> 　　　　変数 ＝ 変数;
>
> **概要**　左の変数に値を代入します。
> 　　　　左の変数に右の変数を代入します。

リスト3-1の、❶では整数値70を変数value、❷では小数値85.5を変数point、❸では文字'A'を変数alphabetに代入しています。❹❺❻ではそれぞれで設定した値を変数の型に応じてprintf()で表示しています。

変数は型を指定して宣言した後、初期値を入れたり、その値を参照したり、演算したり、自由に活用することができます。もし、宣言して代入を行わない場合はその変数の中身は不定です。C言語では変数を宣言しただけでは、値の初期化は行われないので注意してください。

> **COLUMN** 変数の値は上書きされる
>
> 変数に値がある状態で、新たな値を代入すれば、上書きされて以前の値はなくなります。
>
> ```c
> int    value = 100 ;
> value = 150 ;
> printf("%d¥n", value) ;
> ```
>
> 変数valueの初期値は100、value = 150 ; で150に上書きしました。printf()で150が表示されます。

SECTION 03 算術演算

これまではプログラミングの基本知識と文法（変数など）の説明で、コンピュータが得意とする計算機能は説明していません。C言語では算術演算のような普通の計算ができます。より複雑な数値計算をするためにも、C言語が提供する算術演算機能について説明します。

◎ 四則演算の実行

普段からよく使われている四則演算のプログラミングについて説明します。プロジェクト「CalcAddition」とソースファイル「CalcAddition.c」を作成してください（リスト3-2）。

リスト3-2　CalcAddition.c

```c
#include <stdio.h>
int main(){
    int point = 50 ;
    int addValue1 ;
    int addValue2 ;
    int total ;
    addValue1 = 4 + 6 ;                  ①
    printf("%d\n", addValue1) ;
    addValue2 = addValue1 + 35 ;         ②
    printf("%d\n", addValue2) ;
    total = addValue2 + point ;          ③
    printf("%d\n", total) ;
    return 0 ;
}
```

コンパイルエラーがなければ、実行してください。実行結果は次のとおりです（図3-4）。

図3-4 ▶ CalcAddition.c の実行結果

```
10
45
95
```

加算は数学と同じ「+」演算子を使います。値を代入する「=」で加算結果を変数に入れています。

❶ addValue1 = 4 + 6 ;

4 + 6 の加算を行い、その結果（10）を変数addValue1に代入しています。定数同士の加算です。

❷ addValue2 = addValue1 + 35 ;

変数addValue1には、❶で整数値10が入っています。addValue1 + 35 の加算を行い、その結果（45）を変数addValue2に代入しています。変数と定数の加算です。

❸ total = addValue2 + point ;

変数addValue2は、❷で整数値45が入っています。変数pointは初期値50です。addValue2 + point の加算を行い、その結果（95）を変数totalに代入しています。変数同士の加算です。

減算、乗算、除算についても演算子は変わりますが同じ考え方です。それぞれの演算子は「表3-2 演算子の種類」を参照してください。四則演算をまとめてプログラミングしてみましょう。プロジェクト「FourArithmetic」とソースファイル「FourArithmetic.c」を作成してください（リスト3-3）。

リスト3-3 ▶ FourArithmetic.c

```c
#include <stdio.h>
int main(){
    int value1 = 9 ;
    int value2 = 4 ;
    int addAns, subAns, mulAns, divAns ;

    addAns = value1 + value2 ;    ❶
    subAns = value1 - value2 ;    ❷
    mulAns = value1 * value2 ;    ❸
    divAns = value1 / value2 ;    ❹

    printf("%d¥n", addAns) ;
    printf("%d¥n", subAns) ;
    printf("%d¥n", mulAns) ;
    printf("%d¥n", divAns) ;
    return 0 ;
}
```

コンパイルエラーがなければ、実行してください。実行結果は図3-5のとおりです（図3-5）。

図3-5 ▶ FourArithmetic.c の実行結果

```
13
5
36
2
```

リスト3-3で、❶は加算（+）、❷は減算（-）、❸は乗算（*）、❹除算（/）です。❸❹の演算子は数学で使っているものと違います。「×」「÷」は演算子ではありません、コンパイルエラーとなります。

❹除算では実行結果が「2.25」ではなく「2」となっています。これは整数を整数で除算すると結果は整数となるからです。これを回避する手法としてキャスト（後述）があります。

◎ 累乗の実行

C言語では累乗を扱う演算子はないので、乗算に展開します。プロジェクト「Cumulative」とソースファイル「Cumulative.c」を作成してください（リスト3-4）。

リスト3-4 ▶ Cumulative.c

```c
#include <stdio.h>
int main()
{
    int cmulate ;
    int radius = 7 ;
    double area ;
    cmulate = 5 * 5 * 5 ;                          ❶
    area =  3.14 * radius * radius ;               ❷
    printf("%d¥n", cmulate);
    printf("%lf¥n", area);
    return 0;
}
```

コンパイルエラーがなければ、実行してください。実行結果は次のとおりです（図3-6）。

図3-6 ▶ Cumulative.c の実行結果

```
125
153.860000
```

リスト3-4で、❶は5の3乗です。❷は円の面積の計算です。半径は変数radiusとして宣言し、7を代入しています。計算式（πr^2）は 円周率3.14＊半径＊半径 としています。

このサンプルのように指数が3乗、2乗と決まっているなら問題はありませんが、n乗のように指数が変数で指定されている場合はこの方法では限界があります。CHAPTER 6のループを学びましょう。

◎ キャスト変換

リスト 3-3 FourArithmetic.cの除算結果は整数だけで小数部が計算されていません。計算対象の変数が整数型なので、計算結果も整数となるためです。そこで、変数を一時的に実数型に変換して除算します。この一時的な型変換を**キャスト変換**といいます。プロジェクト「CastTransform」とソースファイル「CastTransform.c」を作成してください（リスト3-5）。

リスト3-5 ▶ CastTransform.c

```c
#include <stdio.h>
int main(){
    int value1 = 9 ;
    int value2 = 4 ;
    double divAns ;                        ❶
    divAns = (double)value1 / value2 ;     ❷
    printf("%lf¥n", divAns) ;
    return 0 ;
}
```

コンパイルエラーがなければ、実行してください。実行結果は次のとおりです（図3-7）。

図3-7 ▶ CastTransform.c の実行結果

```
2.250000
```

このプログラムは、リスト 3-3 FourArithmetic.cの除算の部分を取り出しています。

❶は変数divAnsをdouble型に変更しています、除算結果は小数と想定しています。
❷キャスト変換を利用して除算をしています。

(double)value1 は整数 value1 をキャスト変換で実数に一時的に変換しています。**()がキャスト演算子**で、()の中は一時的に変換する型を指定します。

```
divAns = (double)value1 / value2 ;
```
　　　　　　実数型　　　　整数型

　最終的に、実数を整数で除算するので結果は実数（小数）となります。これで期待する結果が得られます。
　キャスト変換の使用例として、複数の値の平均値を求めます。プロジェクト「CalcAverage」とソースファイル「CalcAverage.c」を作成してください（リスト3-6）。

リスト3-6　CalcAverage.c

```c
#include <stdio.h>
int main(){
    int total = 5 + 6 + 7 + 8 ;
    double average ;
    average = (double)total / 4 ;   ……❶
    printf("%lf¥n", average) ;
    return 0 ;
}
```

コンパイルエラーがなければ、実行してください。実行結果は次のとおりです（図3-8）。

図3-8　CalcAverage.c の実行結果

```
6.500000
```

　リスト3-6で、変数totalには4件の合計値が入っています。❶は平均値を求めています。合計値を実数型にキャスト変換して件数の4で除算しています。これで正しい平均値が求められました。

COLUMN　実数（小数）からキャスト変換で整数部を取り出す

実数の変数に値がある状態で、その整数部だけを取り出します。

```c
double  point = 123.45 ;
int    integer ;
integer = (int) point ;
printf("%d¥n", integer) ;
```

実数型変数pointには123.45が入っています。キャスト変換して整数部を整数型変数integerに代入したので、printf()で123が表示されます。

SECTION 04 いろいろな演算子

一般によく使われている四則演算では、数学と同じような演算子を使いました。C言語には四則演算の他にも、使い勝手のいい演算子も用意されています。また、演算子が複数あるとその実行順序なども注意しなければいけません。ここでは、よく使う代表的な演算子の機能や特徴について説明します。

◎ 余りの計算

算術演算子には、「余り」を求める**剰余演算子**があります。この演算子で求めた「余り」をプログラムで有効に活用する例などを説明します。プロジェクト「CalcRemaind」とソースファイル「CalcRemaind.c」を作成してください（リスト3-7）。

リスト3-7　CalcRemaind.c

```c
#include <stdio.h>
int main(){
    int value1 = 13 ;
    int value2 = 8 ;
    int mod ;
    mod = value1 % value2 ;            ❶
    printf("%d\n", mod) ;
    return 0 ;
}
```

コンパイルエラーがなければ、実行してください。実行結果は次のとおりです（図3-9）。

図3-9　CalcRemaind.c の実行結果

```
5
```

リスト 3-7 で、❶の「%」が剰余演算子です。value1 を value2 で割った余りが 5 になります。
　一般的な計算では、「割った余り」を利用することは少ないと思いますが、プログラムでは有効な利用が考えられます。まず、「割った余り」の特徴を考えましょう（図3-10、3-11）。

図3-10 ［例1］0 から 1 ずつ増加する整数値を 2 で割った余りを考えます。

値	0	1	2	3	4	5	6	7	8	9
余り	0	1	0	1	0	1	0	1	0	1

これは、整数値が「偶数・奇数判定」に利用できます。

図3-11 ［例2］11 から 1 ずつ増加する整数値を 5 で割った余りを考えます。

値	11	12	13	14	15	16	17	18	19	20
余り	1	2	3	4	0	1	2	3	4	0

これは、整数値が「5 の倍数判定」に利用できます。
　［例1］［例2］の共通点は、余りが循環する点と、割った数値未満であることです。これをプログラムで活用した事例を説明します。
　現在時刻（11時35分）から 100分経過した時刻を求めます。プロジェクト「CalcTime」とソースファイル「CalcTime.c」を作成してください（リスト 3-8）。

リスト3-8 CalcTime.c

```c
#include <stdio.h>
int main(){
    int hour = 11 ;
    int minute = 35 ;
    int elapseMinute = 100 ;
    int work ;
    work = minute + elapseMinute ;      ❶
    hour = hour + work / 60 ;           ❷
    minute = work % 60 ;                ❸
    printf("%d\n", hour) ;
    printf("%d\n", minute) ;
    return 0 ;
}
```

コンパイルエラーがなければ、実行してください。実行結果は次のとおりです（図3-12）。

図3-12 CalcTime.c の実行結果

```
13
15
```

リスト3-8について説明します。変数hourは時(11)、変数minuteは分(35)、変数elapseMinuteは経過時間(100)が入っています。

❶ work = minute + elapseMinute;
現在時刻の「分」と経過時間を加えています。

❷ hour = hour + work / 60;
❶の値(分)が何時間経過になるかを求め、現在時刻に加算しています。

❸ minute = work % 60;
❶の値(分)が何分か60の余りを求めています。
このように、余りが循環する点を利用したプログラミングが作成できます。

> **COLUMN** 実数(小数)には剰余演算子「%」は使えません
>
> 実数型(floatやdouble)に剰余演算子「%」を使うと、コンパイルエラーになります。
>
> ```
> int mod1 = 123.4 % 5 ;     //  実数 % 整数
> int mod2 = 10 % 5.5 ;      //  整数 % 実数
> int mod3 = 123.4 % 5.5     //  実数 % 実数
> ```

◎ 演算子の優先順位と結合規則

算術演算子の場合は、+(加算)、-(減算)より、*(乗算)、/(除算)、%(剰余)を先に計算します。これは数学で学習した優先順位と同じです。1つの式に同じ優先順位の演算子が複数ある場合は、左側の演算子から実行されます。これが**結合規則**です。

カッコ()を使って優先順位を変更できます。演算子の優先順位に関係なく最優先で実行されます。プロジェクト「OperatorPreced」とソースファイル「OperatorPreced.c」を作成してください(リスト3-9)。

SECTION **04** いろいろな演算子

リスト3-9 OperatorPreced.c

```c
#include <stdio.h>
int main(){
    int value ;
    value = 7 + 5 * 8;                ……………❶
    printf("%d¥n", value);
    value = 7 + 5 * 8 / 5;            ……………❷
    printf("%d¥n", value);
    value = (7 + 5) * 8 / 5;          ……………❸
    printf("%d¥n", value);
    return 0;
}
```

コンパイルエラーがなければ、実行してください。実行結果は以下のとおりです（図3-13）。

図3-13 OperatorPreced.c の実行結果

```
47
15
19
```

優先順位と結合規則を中心にリスト3-9を説明します。リスト中の式には複数の演算子があるので、実行順を示します（図3-14）。

図3-14 実行順

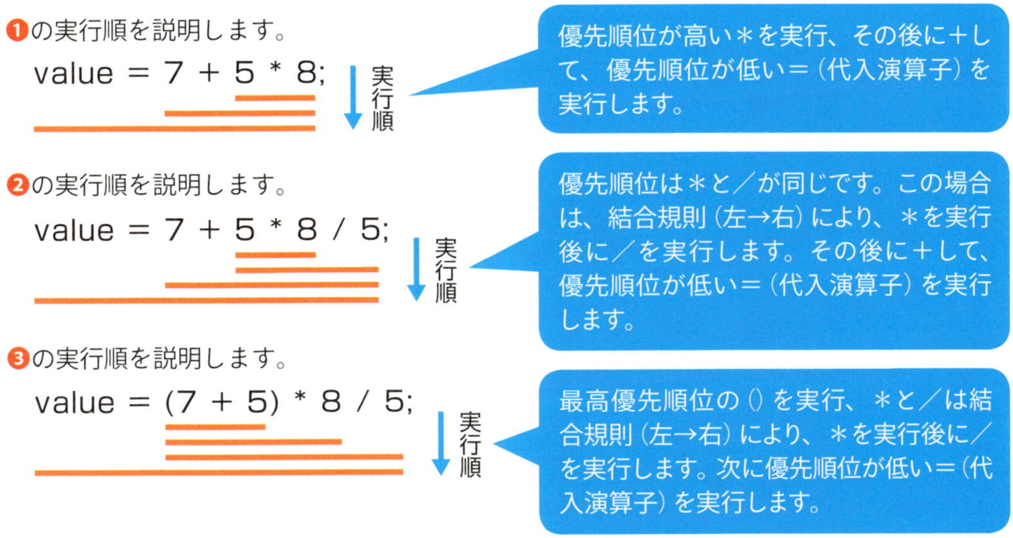

❶の実行順を説明します。

value = 7 + 5 * 8;   実行順

> 優先順位が高い＊を実行、その後に＋して、優先順位が低い＝（代入演算子）を実行します。

❷の実行順を説明します。

value = 7 + 5 * 8 / 5;   実行順

> 優先順位は＊と／が同じです。この場合は、結合規則（左→右）により、＊を実行後に／を実行します。その後に＋して、優先順位が低い＝（代入演算子）を実行します。

❸の実行順を説明します。

value = (7 + 5) * 8 / 5;   実行順

> 最高優先順位の()を実行、＊と／は結合規則（左→右）により、＊を実行後に／を実行します。次に優先順位が低い＝（代入演算子）を実行します。

このように演算子には優先順位があり、同一優先順位の場合は、結合規則にしたがって実行します。章末に演算子の種類や優先順位をまとめています。

> **COLUMN** 代入演算子（＝）が複数ある場合の実行順
>
> 代入演算子が複数ある例として次のコーディングをよく見ます。
>
> ```
> int   value, data ;   // 整数型変数value, dataを宣言
> value = data = 0 ;    // valueとdataに0を設定しています
> ```
>
> 式に複数の＝があるので結合規則（左←右）にしたがって
>
> ```
> data = 0 ;
> value = data ;
> ```
>
> の順で実行されます。

◎ インクリメント演算子とデクリメント演算子

C言語のプログラムで、**インクリメント演算子「++」**（1加算）と、**デクリメント演算子「--」**（1減算）は、よく使う演算子です。繰り返し処理の中でよく使います。演算対象となる変数は整数型で、変数の前や変数の後ろにも付けることができます。それぞれ、前置型、後置型といいます。

インクリメント演算子「++」

```
++変数名 ;     前置型インクリメント演算子
変数名++ ;     後置型インクリメント演算子
```

変数を1加算します（変数＝変数＋1;と同じです）。

デクリメント演算子「--」

```
--変数名 ;     前置型デクリメント演算子
変数名-- ;     後置型デクリメント演算子
```

変数を1減算します（変数＝変数-1;と同じです）。

前置型と後置型には違いがないように思われますが、式に他の演算子があると違いが出てきます。前置、後置型インクリメント演算子のプログラムです。

プロジェクト「IncrementOperator」とソースファイル「IncrementOperator.c」を作成してください（リスト3-10）。

リスト3-10 IncrementOperator.c

```c
#include <stdio.h>
int main(){
    int value, prefix, postfix ;
    /*  前置型インクリメント  */
    value = 3 ;
    prefix = ++value ;
    printf("prefix:%d\n", prefix);
    printf("value:%d\n", value);
    /* 後置型インクリメント */
    value = 3 ;
    postfix = value++ ;
    printf("postfix:%d\n", postfix);
    printf("value:%d\n", value);
    return 0;
}
```

コンパイルエラーがなければ、実行してください。実行結果は次のとおりです（図3-15）。

図3-15 IncrementOperator.c の実行結果

リスト3-10での、2つの結果の違いを説明します。

前置型インクリメントは、valueに1を加えた後、prefixにvalueを代入しています。

後置型インクリメントは、prefixにvalueを代入した後、valueに1を加えています。

このように「1を加算」する順番が違います。前置型は「最初に」、後置型は「後で」と理解するのがよいと思います。

デクリメント演算子も同じ考え方です。プログラムの演算子部分を「--」に変更して確認してください。

その他の部分についても説明しておきます。

```
int value, prefix, postfix ;
```

このように同一型（int）の変数をカンマ（,）で区切って一度に複数の変数を宣言することもできます。

```
printf("prefix:%d¥n", prefix);
```

""の中に、これまでにない記述（prefix:）があります。これは結果をわかりやすくするためメッセージとして変数名を表示しています。こちらについてはCHAPTER 4で説明します。

COLUMN | **代入演算子とは**

代入演算子とは、変数自身に演算してその値を再度代入する演算子です。
加減乗除、剰余算などが使えます。

```
int   value = 100 ;
int   data = 20 ;
value += 30 ;   ………… value = value + 30 ;   と同じで、valueは130です
value -= data ; ……… value = value - data ;  と同じで、valueは110です
```

「+=」や「-=」が演算子で、乗算「*=」、除算「/=」、剰余算「%=」があります。

表3-2 C言語演算子の種類（抜粋版）

演算子の種類	演算子	説明
算術演算子	+	加算
	-	減算
	*	乗算
	/	除算
	%	剰余
比較演算子	==	等しい
	!=	等しくない
	>	より大きい
	<	より小さい
	>=	以上
	<=	以下
論理演算子	!	論理的NOT
	&&	論理的AND
	||	論理的OR
代入演算子	=	代入
	+=	加算代入
	-=	減算代入
	*=	乗算代入
	/=	除算代入
	%=	剰余代入
インクリメント演算子	++	1加える
デクリメント演算子	--	1減らす
キャスト演算子	(型)	型変換

表3-3 C言語演算子の優先順位（抜粋版）

優先順位	演算子	結合規則
高	! ++ -- キャスト()	左←右
↑	* / %	左→右
	+ -	
	< <= > >=	
	== !=	
	&&	
↓	||	
低	= += -= *= /= %=	左←右

　CHAPTER 3ではC言語における変数のデータ型や宣言などの基本的な使い方と、算術演算と優先順位などを学習しました。次のCHAPTERでは、標準装置であるコンソールへの表示とキーボードからの入力方法を学習します。

CHAPTER 4

標準装置の入出力

01 画面への表示
02 キーボードからの入力

画面への表示

プログラミングでは、メッセージ（表示文字列）や演算結果が入っている変数を標準出力装置（画面）に表示することがあります。C言語は、編集機能が付いている標準出力関数（printf）を提供しています。ここでは基本的な使用方法と編集機能を説明します。

◎ 出力関数の使い方

次のプログラムは、文字列を画面に表示するおなじみのプログラムです。プロジェクト管理用のフォルダー「Chapter04」を作成し、プロジェクト「C_language」とソースファイル「C_language.c」を作成してください（リスト4-1）。

リスト4-1 C_language.c

```
#include <stdio.h>
int main(){
    printf("たった1日で基本が身に付く!") ;              ……❶
    printf(" C言語 超入門¥n") ;                        ……❷
    printf("C言語¥nJava¥nPython¥n") ;                 ……❸
    return 0 ;
}
```

コンパイルエラーがなければ、実行してください。実行結果は次のとおりです（図4-1）。

図4-1 C_language.c の実行結果

```
たった1日で基本が身に付く!  C言語 超入門
C言語
Java
Python
```

リスト 4-1 について説明をします。

❶は表示する文字列に改行コード（'¥n'）がありませんが、❷の文字列にはあります。このような使い

方をすると、実行結果のようにいかにも結合された文字列のように表示できます。

❸は言語名ごと改行コードが付いています。改行コードで改行された言語名が表示されています。ここで出てくる標準入出力関数（printf、scanf）を使うには、「#include <stdio.h>」が必要です。

> **POINT**
>
> 標準入出力とは、キーボードからのデータ入力、ディスプレイへのデータ出力（画面への表示）などのことをいいます。

「#include」は、プログラムに必要なヘッダファイルを読み込む（インクルードする）ときに使います。

```
#include   <ヘッダファイル>
```

ヘッダファイルの「stdio.h」は、標準入出力で使われるprintfやscanfなど関数の宣言や使用方法が書かれたファイルであり、書式仕様が定義されています。もし、書式仕様と違ったコーディング（ソースコードの記述）をすればコンパイルエラーとなります。ヘッダファイルのインクルードはプログラムの先頭に書く必要があります。

◎ 変数の値の出力

前章でもいくつかのプログラムで、変数の値を画面に表示しています。printfを使って、変数の値を出力する場合には「%」から始まる<u>変換指定子</u>を使います。プロジェクト「DispVariable」とソースファイル「DispVariable.c」を作成してください（リスト4-2）。

リスト4-2 DispVariable.c

```c
#include <stdio.h>
int main(){
    int  value ;
    int  month, day ;
    value = 100 ;
    printf("変数valueは%d\n", value) ;         ❶
    month = 5 ;
    day = 18 ;
    printf("今日は%d月%d日です。\n", month, day) ;  ❷
    return 0;
}
```

コンパイルエラーがなければ、実行してください。実行結果は次のとおりです（図4-2）。

図4-2 ▶ DispVariable.c の実行結果

```
変数valueは100
今日は5月18日です。
```

リスト4-2について説明をします。❶は指定した変数（value）を表示文字列中に取り込んで画面に表示しています。

表示文字列には変換指定子「%d」があります、これは変数の値を「10進数」に変換するように指示しています。変数の値（100）が変換指定子の位置に取り込まれます。

❷は複数の変数（monthとday）を表示文字列中に取り込んで画面に表示しています。

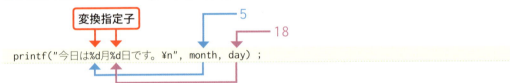

「変換指定子の並び」と「変数の並び」は、左側から順に対応します。つまり、最初の%dは変数monthに、2番目の%dは変数dayに対応して画面に表示しています。

変換指定子の数と表示する変数の数が一致しているのが正しいコーディングです。もしそれらの数が違っていたらどうなるのでしょうか？　プロジェクト「ParameterMismatch」とソースファイル「ParameterMismatch.c」を作成してください（リスト4-3）。

リスト4-3 ▶ ParameterMismatch.c

```c
#include <stdio.h>
int main(){
    int  val1 = 28 ;
    int  val2 = 3 ;
    int  div, mod ;
    div = val1 / val2 ;
    mod = val1 % val2 ;
    printf("%dを%dで割ると、商は%dで余りは%dです。\n", val1, val2, div, mod);   ……❶
    printf("%dを%dで割ると、商は%dで余りは%dです。\n", val1, val2);              ……❷
    printf("%dを%dで割ると、商は%dで余りはです。\n", val1, val2, div, mod);      ……❸
    return 0;
}
```

コンパイルエラーがなければ、実行してください。実行結果は次のとおりです（図4-3）。

図4-3 ▶ ParameterMismatch.c の実行結果

```
28を3で割ると、商は9で余りは1です。················❶の結果表示
28を3で割ると、商は12718165で余りは12718165です。······❷の結果表示
28を3で割ると、商は9で余りはです。················❸の結果表示
```

❶の表示が正しい結果です。❷は書式に渡す引数が不足しています。❸は書式の変換指定子が不足しています。❷❸はコンパイルエラーはありません（Warningは出ます）が、正しい結果ではありません。コンパイルエラーがないのは、書式が特別な手法で表示データを受け取っているからで、これを「可変長引数」といいます。「可変長引数」についてはこの書籍の範疇を超えていますので説明は省略します。

このようにコンパイルエラーが出なくとも安心はできません、必ず実行結果を確認しましょう。

※❷の実行結果の「12718165」は動作環境によって変わります。

◎ printfの変換指定子

今までのプログラムでも変換指定子を使ってきました。ここでは新たな機能を説明します。

表示する変数の型によって指定する変換指定子は異なります。プロジェクト「ConversionSpecifier」とソースファイル「ConversionSpecifier.c」を作成してください（リスト4-4）。

リスト4-4 ▶ ConversionSpecifier.c

```c
#include <stdio.h>
int main(){
    int value = 43 ;
    double point= 1234.5678 ;
    char alphabet = 'A' ;
    printf("10進数で%d、16進数で%xです。\n", value, value) ;        ❶
    printf("小数点で%lf、指数形式で%eです。\n", point, point) ;      ❷
    printf("英字%cは文字コードで%dです。\n", alphabet, alphabet) ;   ❸
    return 0 ;
}
```

コンパイルエラーがなければ、実行してください。実行結果は次のとおりです（図4-4）。

図 4-4 ConversionSpecifier.c の実行結果

```
10進数で43、16進数で2bです。
小数点で1234.567800、指数形式で1.234568e+03です。
英字Aは文字コードで65です。
```

リスト 4-4 について説明をします。

❶ 整数型変数を 10 進数（%d）と 16 進数（%x）で表示しています。10 進数はおなじみです。16 進数はプログラムがシステム開発でデータ値などを表すときによく使います。

❷ 実数型変数を小数点形式（%lf）と指数形式（%e）で表示しています。小数点形式はおなじみです。指数形式は数値解析で多く使われます、使用例として紹介します。

❸ 文字型変数を文字（%c）と 10 進数（%d）で表示しています。文字はおなじみです。なぜ 10 進数で表示しているのか？　それは、文字がコンピュータ内部では文字コード表にしたがった数値で扱われていることを確認するためです。

表 4-1 printf の変換指定子（抜粋版）

変換指定文字	対応する変数の型	説明
%c	文字型	文字で表示する
%d	整数型	10進で表示する
%x	整数型	16進で表示する
%f	実数型（float）	単精度浮動小数点数
%lf	実数型（double）	倍精度浮動小数点数
%e	実数型	指数形式で表示する
%s	文字列	文字列を表示する

◉ 数値や文字列の編集

　ここからはもう一歩踏み込んで、表示する数値や文字列を編集する機能を紹介します。以下のように、左詰め、符号付き、桁数指定、桁のゼロ埋めなどが指定できます。「%」と変換指定子「d, lf など」との間に下記のオプションを指定します。

```
%(フラグ)(フィールド幅)(精度)変換指定子
```

・右詰め／左詰めと表示桁数指定

　右詰め／左詰めは、特別に指定がないと右詰めです。左詰めは桁数指定の前にマイナス（'-'）を付けます。表示桁数は、＜全体の桁数＞．＜小数点以下の桁数＞で指定します。＜全体の桁数＞は、符号（+,-）や小数点を含めて指定するので、注意してください。

（例）`printf("%12.3lf", -123.456);`

| sp | sp | sp | sp | - | 1 | 2 | 3 | . | 4 | 5 | 6 |

※ sp：半角スペース

　符号、小数点を含めて全体で12桁、小数点以下3桁の指定です。

表4-2 右詰め・左詰めと表示桁数の事例

書式	表示	説明
`printf("[%10d]", 123);`	`[       123]`	右詰め　10桁指定
`printf("[%-10d]", 123);`	`[123       ]`	左詰め　10桁指定
`printf("[%15lf]", 123.4);`	`[      123.400000]`	右詰め　15桁指定 小数点以下指定なし
`printf("[%-15lf]", 123.4);`	`[123.400000     ]`	左詰め　15桁指定 小数点以下指定なし
`printf("[%15s]", "abcd");`	`[           abcd]`	右詰め　15桁指定
`printf("[%-15s]", "abcd");`	`[abcd           ]`	左詰め　15桁指定
`printf("[%15.3lf]", 123.45);`	`[        123.450]`	右詰め　15桁指定 小数点以下3桁
`printf("[%15.3lf]", 123.456);`	`[        123.456]`	右詰め　15桁指定 小数点以下3桁
`printf("[%15.3lf]", 123.4567);`	`[        123.457]`	右詰め　15桁指定 小数点以下3桁 （小数点4桁目四捨五入）
`printf("[%15.3lf]", 123.4564);`	`[        123.456]`	右詰め　15桁指定 小数点以下3桁 （小数点4桁目四捨五入）

・符号とゼロ埋め指定

　数値の表示で、プラス記号を付けたいときは桁数指定の前に'＋'を指定します。指定桁数に満たない場合は、ゼロ埋めが指定でき桁数指定の前に'0'を指定します。

表4-3 符号とゼロ埋めと表示桁数の事例

書式	表示	説明
printf("[%+8d]", 1234);	[+1234]	右詰め　8桁指定　符号付
printf("[%+8d]", -1234);	[-1234]	右詰め　8桁指定　符号付
printf("[%+08d]", 1234);	[+0001234]	右詰め　8桁指定　符号付　ゼロ埋め
printf("[%+08d]", -1234);	[-0001234]	右詰め　8桁指定　符号付　ゼロ埋め
printf("[%+10.2lf]", 123.45);	[+123.45]	右詰め　10桁指定　小数点以下2桁　符号付
printf("[%+10.2lf]", -123.45);	[-123.45]	右詰め　10桁指定　小数点以下2桁　符号付
printf("[%+010.2lf]", 123.45);	[+000123.45]	右詰め　10桁指定　小数点以下2桁　符号付　ゼロ埋め
printf("[%+010.2lf]", -123.45);	[-000123.45]	右詰め　10桁指定　小数点以下2桁　符号付　ゼロ埋め

次のように書くと、コンビニなどのレシートのように商品名（ポテトチップス）と価格（189円）を表示します。

```
printf("%-20s", "ポテトチップス");     ……… 商品名：左詰めで20桁
printf("%7d円¥n", 189);             ……… 価格　：右詰めで7桁
```

ポテトチップス　　　　　　　189円

COLUMN　「%」記号を表示するには

変換指定子を表す「%」記号を表示するには、「%%」と記述します。

```
int  discount = 20 ;
prntf("この商品の値引き率は%d%%です。¥n", discount) ;
```
→「%」記号を表示

「この商品の値引き率は20%です。」と表示されます。

◎ エスケープシーケンス

printf("メッセージ¥n")のメッセージは、ダブルクォーテーション(")で囲んでいます。もし、「"」や「¥」

をメッセージに入れる場合、どのように記述するのか説明します。プロジェクト「EscapeSequence」とソースファイル「EscapeSequence.c」を作成してください（リスト4-5）。

リスト4-5 ▶ EscapeSequence.c

```c
#include <stdio.h>
int main(){
    printf("今日の¥"アルバイト料¥"は¥¥7800円です。¥n");
    return 0;
}
```

コンパイルエラーがなければ、実行してください。実行結果は次のとおりです（図4-5）。

図4-5 ▶ EscapeSequence.c の実行結果

今日の"アルバイト料"は¥7800円です。

単純にメッセージに「"」を入れると、コンパイラーは、①:正しい文字列、②:解読不能（エラー）、③:一見正しいように見えますが「¥7」が解読不能（エラー）と判断します。

"今日の"アルバイト料"は¥7800円です。¥n"
　　①　　　②　　　　③

そこで、"アルバイト料"の「"」を通常の文字として扱うようにします。このために特殊記号「¥」を付け加えます。これを**エスケープシーケンス**といいます。つまり「¥"」と記述して「"」を通常文字とします。また、¥7800円の「¥」についても「¥¥」と記述して「¥」を通常文字とします。

表4-4 ▶ エスケープシーケンス（抜粋版）

エスケープシーケンス	説明
¥n	改行
¥¥	文字としての¥
¥'	文字としてのシングルクオーテーション
¥b	バックスペース
¥t	水平タブ
¥0	NULL

SECTION 02 キーボードからの入力

プログラムでは、プログラム内で初期設定したデータの他に、外部からデータを入力して処理を行わなければ効果的な処理は作れません。C言語は、標準装置（キーボード）から編集機能が付いている入力関数（scanf）を提供しています。ここでは基本的な使用方法などを説明します。

◎ 変数への入力

前章までのように、固定的なデータだけでは、毎回同じ処理しか行えないことになり、別なデータで処理したくなった場合、プログラムを作り直さなくてはなりません。これでは意味がありません。やはり、数値などデータは外部から入力して処理する必要があります。キーボードから入力するときは、scanf()関数を使います。

```
scanf("入力変換指定子", &変数名);
         ①              ②
```

①入力変換指定子は、入力された数字や文字をどのような形式に変換するかを表す文字で、printf関数で使用した変換指定子と同じです。
②変数名は、入力するデータを格納する変数を指定します。変数名の前に「&」の文字を付けます。

この「&」は変数の「箱」そのものを表しています、つまり変数の場所（アドレス）を指定しています。「&」をアドレス演算子といいます。
この関数を実行すると、プログラムは入力待ち状態となります。データを入力するユーザーが、データを入力して Enter キーを押すと、入力データが指定した変数に代入されます（図4-6）。

図4-6 キーボードからの入力データの受け渡し

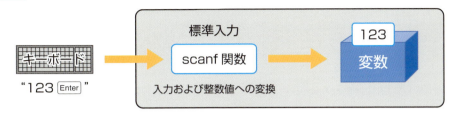

123 Enter で、指定した変数（&変数）に123が代入されます。

POINT

scanf()関数はC言語では標準関数として提供されていますが、「Visual Studio Community」では推奨していない関数のため、ビルド（コンパイル）でwarning（警告）が発生します。章末の「COLUMN：warning4996の解消法」を参照してください。warning（警告）は出ますがプログラムは正常に動作します。

それでは、簡単なキーボード入力のプログラムを作成し動かしてみます。プロジェクト「KeyboardInput」とソースファイル「KeyboardInput.c」を作成してください（リスト4-6）。

リスト4-6 KeyboardInput.c

```c
#include <stdio.h>
int main(){
    int    value ;
    double point ;
    printf("整数を入力--->");              ……❶
    scanf("%d", &value) ;                  ……❷
    printf("入力した整数は%dです。¥n", value) ;  ……❹
    printf("小数を入力--->");              ……❶
    scanf("%lf", &point) ;                 ……❸
    printf("入力した小数は%lfです。¥n", point) ; ……❹
    return 0;
}
```

コンパイルエラーがなければ、実行してください。実行すると入力待ちとなるので、整数は123 Enter 、小数は456.78 Enter と入力した実行結果です（図4-7）。

図4-7 KeyboardInput.c の実行結果

```
整数を入力--->123
入力した整数は123です。
小数を入力--->456.78
入力した小数は456.780000です。
```
　　　　　　　　　　　キーボードから入力

リスト4-6について説明します。

❶実行ですぐに入力待ちとなるので、ユーザーに入力を促しています。
❷入力変換指定子%dの指定で、入力した123を整数として変数valueに代入しています。

```
scanf("%d", &value);
```

変換指定子「%d」に対応して整数型変数valueの「アドレス」を指定しています。

❸入力変換指定子%lfの指定で、入力した456.78を小数として変数pointに代入しています。

```
scanf("%lf", &point);
```

変換指定子「%lf」に対応して実数型変数pointの「アドレス」を指定しています。

❹それぞれ入力した数値をprintf()関数で確認しています。

　scanf()とprintf()、機能はまったく正反対ですが、書式は非常に似ています。基本的な変換指定子も同じです。scanf()を使うときは変数に「&」を必ず付けましょう。

◎ 複数のデータの入力

　printf()では書式形式("……")の指定で複数のデータを同時に表示することができました。scanf()でも複数データ入力が可能です。ポイントは入力形式を想定した書式形式("……")を指定することです。

```
scanf("%d,%c", &変数1, &変数2);
```

　printf()と同様に、「変換指定子の並び」と「変数の並び」は、左側から順に対応します。つまり、最初の%dは変数1に、2番目の%dは変数2に対応して入力されます。想定している入力形式は「整数,文字」で、2つのデータの区切り文字はカンマ(,)と指定しています。

次のプログラムは、時刻を「時間:分」の形式で入力を想定、「：」を「時間」と「分」の区切り文字としています。プロジェクト「InputTime」とソースファイル「InputTime.c」を作成してください（リスト4-7）。

リスト4-7 ▶ InputTime.c

```c
#include <stdio.h>
int main(){
    int  hour, minute ;
    printf("時刻入力（時間:分）--->");         ❶
    scanf("%d:%d", &hour, &minute) ;           ❷
    printf("入力時刻は%d時%d分です。¥n", hour, minute) ;
    return 0;
}
```

コンパイルエラーがなければ、実行してください。実行結果は次のとおりです（図4-8）。

図4-8 ▶ InputTime.c の実行結果

```
時刻入力（時間:分）--->10:15
入力時刻は10時15分です。
```

リスト4-7について説明します。

❶入力形式（時間:分）を表示しています。
❷「10:15」と入力。「10」は変数hourに、「15」は変数minuteに入力されます。

「変換指定子の並び」と「変数の並び」の対応、入力形式を想定した区切り文字の扱いに注意が必要です。

> **COLUMN** 入力時の区切り文字
>
> 入力で「スペース」「Tab」は区切り文字として扱われます。
>
> ```
>   int    value1, value2 ;
>         :
>   printf("2つの整数をスペースで区切って入力--->");
>   scanf("%d%d", &value1, &value2) ;
>   printf("入力整数は%dと%dです。¥n", value1, value2) ;
>         :
> ```
>
> ユーザーの入力が「123（スペース）789」だったとします。その場合の結果表示は「入力整数は123と789です。」となります。つまり（スペース）は区切り文字と認識してくれます。（Tab）でも同様な結果です。複数データの入力は、何らかの区切り文字が必ず必要です。

◎ scanf()の注意点

scanf()を使うときの注意点は、次の2点が考えられます。

- プログラムで記述した書式形式（"……"）と入力変数の型が違う。
- 書式形式（"……"）とユーザーの入力が違う。

◉ よく見かける誤りの事例

次に挙げる事例は、コンパイルエラーは出ません。しかし、正しく動作しません。プログラムの入出力処理で正しく入力できないときは参考にしてください。

①データを入力する変数にアドレス演算子「&」がない

```
        :
 printf("整数を入力--->");
 scanf("%d",value) ;  ············· アドレス演算子「&」がない
 printf("入力整数は%dです。¥n", value) ;
        :
```

動作結果： システムが停止したり、思いもかけない数値が表示されたり、実行環境によって違います。変数valueに整数が入力されずに、メモリのどこかに入力されます。「メモリのどこか」ですが実行環

境により異なります。

②書式形式 ("……") に「¥n」がある

```
     :
printf("整数を入力--->");
scanf("%d¥n", &value) ;  ……………… 書式形式 ("%d¥n")
printf("入力整数は%dです。¥n", value) ;
     :
```

動作結果：「123 Enter 」と入力しても、何も表示されないまま入力状態が続きます。 Ctrl + Z キー入力で入力状態を終了させると「123」が表示されます。書式形式に¥nは記述しません。

③書式形式 ("……") の変換指定子と入力データの型が違う

```
     :
printf("整数を入力--->");
scanf("%d", &value) ;  ……………………… 書式形式 ("%d")
printf("入力整数は%dです。¥n", value) ;
     :
```

動作結果：「%d」なので整数の入力を想定していますが、英字（A）を入力したとします。結果表示は「入力整数は4198575です。」となります（この数値は実行環境によって異なります）。つまり正しく動作していません。変換指定子と同じ型の入力操作が必要です。

　標準入出力関数「printf()」「scanf()」の基本的使い方などを学習しました。次のCHAPTER以降もキーボード入力や画面出力は頻繁に使います。CHAPTER5では、制御構文の1つである条件分岐について学習します。

COLUMN　文字の入力が正しくできない

次の例は、ユーザーが整数を入力したあとで1文字入力することを想定したものです。

```
int   value ;
char moji ;
        :
printf("整数を入力--->");
scanf("%d", &value) ;
printf("入力整数は%dです。¥n", value) ;

printf("1文字を入力--->");
scanf("%c", &moji) ;
printf("入力文字は%cです。¥n", moji) ;
        :
```

これを実行すると、整数123の入力は正しく動作しますが、次の1文字入力は待機されずそのままプログラムが終了してしまいます。

```
整数を入力--->123 [Enter]
入力整数は123です。
1文字を入力--->入力文字は
です。
```
……文字を入力する間もなく終了してしまう

これは、整数の入力時に押した[Enter]キーの改行コードが入力バッファに残ってしまうためです。対策として文字入力の直前で入力バッファを初期化して不要なデータを廃棄します。

```
    printf("1文字を入力--->");
    fflush(stdin) ;
    scanf("%c", &moji) ;
```
……この行を追加します。

これで正しく入力できるようになります。

SECTION 02 キーボードからの入力

COLUMN | warning4996の解消法

CHAPTER 4以降の標準入力関数「scanf()」やCHAPTER 8の文字列標準関数「strcpy()」「strcat()」は、ビルド（コンパイル）でwarning（警告）が発生します。warningの解消法を説明します。
「scanf()」では下記のようなメッセージが出ます。1行目の4996が警告番号です。

```
1>...¥repos¥project1¥test.c(4): error C4996: 'scanf': This function or variable may be unsafe.
 Consider using scanf_s instead. To disable deprecation, use _CRT_SECURE_NO_WARNINGS.  See online help for details.
1>c:¥program files (x86)¥windows kits¥10¥include¥10.0.17134.0¥ucrt¥stdio.h(1274): note: 'scanf' の宣言を確認ください
```

●解消方法

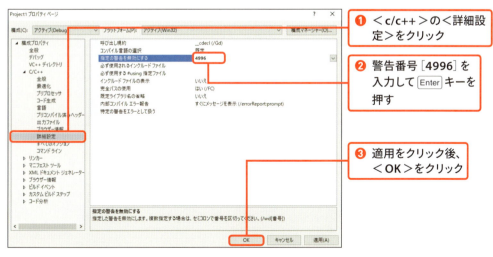

再度、ビルド（コンパイル）をしてみましょう。warning（警告）は発生しません。

CHAPTER

5

条件分岐

01 分岐処理とは
02 if文による条件分岐
03 複数条件の分岐と論理演算子
04 多分岐処理

SECTION 01 分岐処理とは

ここからは、プログラミングで重要な制御構文を学習します。このCHAPTERでは、制御構文の一つである条件分岐を説明します。条件によって分岐するので処理の流れが変わり、より複雑な処理が作れます。条件分岐の基本的なコーディングと関連する比較演算子などを説明します。

◎ 分岐で処理の流れを変える

　今までのプログラムは、リストの上から下へと順番に実行していました。これを**シーケンシャル（順次）処理**といいます。これではデータを外部入力しても、処理は一定で単一処理となっています。
　コンピュータにさせる作業は処理の内容によって異なります。例えば、給与計算システムでは家族の構成、役職の有無、住宅ローン控除などいろいろな条件により計算方式が変わってきます。「計算方式を変える」ためには、特定な条件で分岐し処理の流れを変えることが必要です。プログラマは、コンピュータが複雑で高度な作業ができるようにプログラミングをしています。その技術的要素の一つとして分岐処理があり、大変重要な**制御構文**です。
　プログラミングする際は、次のように展開していきます。

①機能を箇条書きのように洗い出します。
②洗い出した箇条書きをさらに展開します（プログラムは1行に1処理しか書けません。複数行で1つの機能を作成します）。
③②の展開した処理を条件分岐も加味し、並び替えて最適な処理手順を決定します。

◎ フローチャート（流れ図）

　展開した最適な手順をダイレクトにプログラミングできればいいのですが、すぐにはできません。そこでその手順をドキュメント化します。その一つにフローチャート（流れ図）があります。

次の例をフローチャートで書いてみましょう。

<例>アウトレットで8000円のバッグを買いました。帰宅する電車賃500円は必ず必要です。できれば現金で支払いたいのですが手持ちの金額が不安でクレジット支払いも考えました（図5-1）。

図5-1 フローチャート

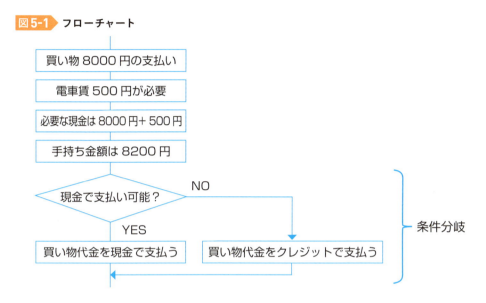

このように、日常の生活の中でも条件判定は必ず必要です。プログラムでも「条件判定と分岐」がなければ柔軟で複雑な機能の作成はできません。比較的簡単に作成できるように制御構文が定義されています。今までに比べたら難易度も上がってきますが、基本知識を習得したら後は慣れが必要です。いろいろなケースのサンプルを試してください（図5-2）。

図5-2 フローチャート記号

❶長方形で表されます。中に具体的な処理（変数に1を加えるなど）を記述します。
❷ひし形で表されます。中に処理を分ける条件を記述し、その評価（Yes/No）を明記します。

SECTION 02 if文による条件分岐

フローチャートなどで条件分岐のイメージはつかめたと思います。プログラミングで条件分岐といえば**if文**が代表格です。ここでは、分岐条件に必要な比較演算子と、その評価結果で処理の流れを分ける分岐機能（if文）について説明します。

◎ 条件式と比較演算子

条件分岐するには、条件を考えて式にします。式には、算術演算子でもあったように専用の記号を使います。条件を記述する専用の演算子のことを**比較演算子**といいます。これは数学での演算子と非常に似ておりすぐに使い慣れると思います。

◎ 条件式の評価

例えば、「変数numは80より大きい」を数学で書くと、「 num > 80 」と書きますが、評価が正しいかどうかは変数numの値によって変わります。つまり**「評価を受け取って」**判定しなければわかりません。「評価を受け取って」とは、プログラミングでは評価を変数に代入することです。

```
int    evaluate ;    ……………………… 評価結果を入れる変数
int    num ;
evaluate = num > 80 ;
```

評価を　evaluate = num > 80 ;　で行い、その結果を変数evaluateに代入しています。

比較演算子の評価を整数型変数に代入するのは多少抵抗があると思います。しかし、C言語は「はい（YES）」「いいえ（NO）」のような論理的なデータ型はなく、評価結果は整数で表しています。

実際に評価結果を表示してみましょう。プロジェクト管理用のフォルダー「Chapter05」を作成し、プロジェクト「Evaluation」とソースファイル「Evaluation.c」を作成してください（リスト5-1）。

リスト5-1 Evaluation.c

```c
#include <stdio.h>
int main(){
    int    evaluate ;      ……………………… 評価結果を入れる変数
    int    num ;
    printf("評価用の数値を入力  ---> ");
    scanf("%d", &num) ;
    evaluate = num > 80 ;
    printf("%d > 80 評価結果は%d\n", num, evaluate);
    return 0;
}
```

コンパイルエラーがなければ、実行してください。実行結果は次のとおりです（図5-3）。

図5-3 Evaluation.c の実行結果

◆パターン1

```
評価用の数値を入力  ---> 79
79 > 80 評価結果は0
```

◆パターン2

```
評価用の数値を入力  ---> 80
80 > 80 評価結果は0
```

◆パターン3

```
評価用の数値を入力  ---> 81
81 > 80 評価結果は1
```

評価用の数値を3パターン入力（79、80、81）しています。評価結果は、条件を満たせば「1」（真）、満たさなければ「0」（偽）となります。条件式に直接「1」や「0」を記述することはありませんが、if文はこの値で分岐処理をします。

● 比較演算子の説明

次の表は、CHAPTER 3の章末「表3-2　C言語演算子の種類」の比較演算子に、＜例・説明＞を追加しています。「変数と定数」の説明ですが、「変数と変数」でも機能は同じです。条件を満たしたときは「真」、条件を満たさないときは「偽」としています（表5-1）。

表5-1 比較演算子の機能説明

演算子	機能	例	説明	
==	等しい	x == 10	真：xが10のとき	偽：10以外のとき
!=	等しくない	X != 10	真：xが10以外のとき	偽：10のとき
>	より大きい	x > 10	真：xが10を超えるとき	偽：10以下のとき
<	より小さい	x < 10	真：xが10未満のとき	偽：10以上のとき
>=	以上	x >= 10	真：xが10以上のとき	偽：10未満のとき
<=	以下	x <= 10	真：xが10以下のとき	偽：10を超えるとき

● 比較演算子で見られる記述ミス

ちょっと先取りですが、次SECTIONのif文を使ってよく間違える事例を紹介します（図5-4）。

図5-4 記述ミス

① 「==」を「=」と記述ミス

```
if( num = 10 ){
    …
}
```

正しくは「 num == 10 」コンパイルエラーにはなりません。条件式の評価は、整数値10が評価値となり「偽（0）ではないので真」と判定されます。

② 「==」を「= =」と記述ミス

```
if( num = = 10 ){
    …
}
```

正しくは「 num == 10 」 コンパイルエラーです。
「=」は連続して記述。スペースで空けてはいけません。

③ 「>=」を「=>」と記述ミス

```
if( num => 10 ){
    …
}
```

正しくは「 num >= 10 」 コンパイルエラーです。
「=>」は比較演算子ではありません。=>の文字の順番が違います。

④ 一度に複数の条件で判定した

```
if( 5 <= num <= 10 ){
    …
}
```

実行環境で異なりますがコンパイルエラーにはなりません。1つの変数を一度に複数の条件で評価はできません。演算子ごとに分けて評価し、2つの評価を再評価します。詳しくは、SECTION4の論理演算子で説明します。

if文の分岐機能

前節では分岐するための条件式について説明しました。ここでは、if文の基本的な使い方を説明します。分岐するのはif文です、条件式の評価にしたがって「はい、いいえ」の二方向に処理の流れを分けます。条件を満たしたときの処理を「真の処理」、条件を満たさなかったときの処理を「偽の処理」として説明します（図5-5）。

図5-5 if ～ else文とフローチャート

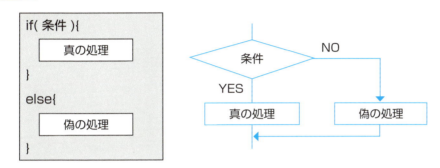

ifの()内に条件を書きます。その条件を満たしたときにifの直下の{}ブロック、条件を満たさなかったときはelseの{}ブロックを実行します。

フローチャートで分岐の流れが一目瞭然です。「真の処理」「偽の処理」の2つのブロックを実行することはありません。どちらか一方しか実行しません。最初は、if文を見ると2つのブロックとも実行するように見えますが、決してそのようなことはありません。フローチャートからも明白です。

elseは命令ではなく、「偽の処理」のエントリーポイントです。

真または偽処理の終了はif文が終了することなので、処理の流れはif文の直下に戻ります。

「偶数・奇数判定」のプログラムです。プロジェクト「EvenOdd」とソースファイル「EvenOdd.c」を作成してください（リスト5-2）。

リスト5-2 EvenOdd.c

```
#include <stdio.h>
int main(){
    int   value, result ;
    printf("整数を入力--->");
    scanf("%d", &value) ;
    result = value % 2 ;    ……❶
    if( result == 0 ){      ……❷
```

```
            printf("偶数です。¥n") ;
        }
        else{
            printf("奇数です。¥n") ;
        }
        printf("処理終了...¥n") ;            ……❸
        return 0;
    }
```

コンパイルエラーがなければ、実行してください。実行結果は次のとおりです（図5-6）。

図5-6　EvenOdd.cの実行結果

◆パターン1

```
整数を入力--->6
偶数です。
処理終了...
```

◆パターン2

```
整数を入力--->7
奇数です。
処理終了...
```

リスト5-2について説明をします。

❶入力した整数を2で割った余りをresultに代入しています。resultは0または1が入ります。CHAPTER 3のSECTION04「余りの計算」を参照してください。

```
result = value % 2 ;
```

❷if文の条件式「result == 0」は「resultは0と等しいか」です。これは❶から「偶数か？」と言い換えられます。その評価をif文で分岐します。
- 評価が真（偶数）なら**if**文直下の{}ブロック内で「偶数です。」と表示します。
- 評価が偽（奇数）なら**else**の{}ブロック内で「奇数です。」と表示します。

❸「処理終了...」の表示は、if文の終了で処理の流れが再び1つになったことが理解できます。

◎ elseのないif文

分岐処理には「真の処理」があり、「偽の処理」がない場合があります（図5-7）。

図5-7 elseのないif文とフローチャート

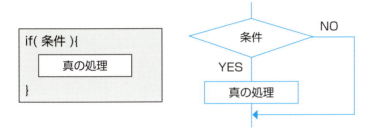

if文の条件を満たしたときはifの直下の{}ブロック、条件を満たさなかったときはif文を終了します。つまり、「偽の処理」はありません。「基準点(80)以上のポイントならボーナスポイント(10)をプレゼントする」プログラムです。プロジェクト「BonusGift」とソースファイル「BonusGift.c」を作成してください（リスト5-3）。

リスト5-3 BonusGift.c

```c
#include <stdio.h>
int main(){
    int  point ;
    printf("ポイントを入力---->") ;
    scanf("%d", &point) ;
    if( point >= 80 ){              ❶
        point = point + 10 ;        ❷
    }
    printf("ポイントは%dです。¥n", point) ;  ❸
    return 0 ;
}
```

コンパイルエラーがなければ、実行してください。実行結果は次のとおりです（図5-8）。

図5-8 ▶ BonusGift.c の実行結果

◆パターン1

```
ポイントを入力---->79
ポイントは79です。
```

◆パターン2

```
ポイントを入力---->80
ポイントは90です。
```

◆パターン3

```
ポイントを入力---->81
ポイントは91です。
```

リスト5-3について説明します。

❶ if文の条件式「point >= 80」は、入力した「ポイントが基準点以上か」です。評価が真ならif文直下のブロックを実行します。評価が偽ならif文を終了します。

❷「真の処理」で、ポイントを10ポイント加算しています。

```
point += 10 ;
```

加算結果を同じ変数pointに入れるので「+=」が使えます。

❸ if文終了後の処理で、現在のポイントを表示しています（if文の分岐条件が「偽」のときは、ポイントは変わっていません）。

複数条件の分岐と論理演算子

SECTION 03

if文の分岐処理ブロックの中で、さらに条件を追加したい場合があります。if文は二方向にしか分岐できません、これは条件に対して「真」・「偽」の判断で分岐するからです。このSECTIONでは、if文を重ねて分岐処理をする方法を説明します。

◎ 複数条件をif文で組み合わせる

ここでは、「条件1かつ条件2」のように条件を絞り込む方法を説明します。その方法は、複数のif文を組み合わせます。具体的には、「if文のブロック中にif文を入れる」いわゆるif文の入れ子で作成します（図5-9）。

図5-9 if文の組み合わせとフローチャート

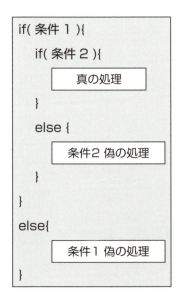
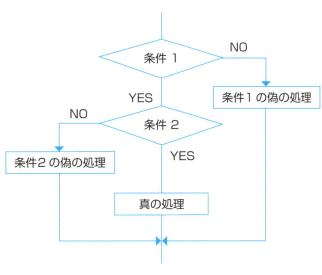

「条件1を満たし」かつ「条件2を満たし」たとき「真の処理」を実行します。プロジェクト「IfNestedAND」とソースファイル「IfNestedAND.c」を作成してください（リスト5-4）。

リスト5-4 ▶ IfNestedAND.c

```c
#include <stdio.h>
int main(){
    int num ;
    printf("整数の入力--->") ;
    scanf("%d", &num) ;
    if(num >= 60){                              ……❶
        if( num <= 80 ){                        ……❷
            printf("60以上80以下です。\n") ;
        }
        else{
            printf("80を超えてます。\n") ;
        }
    }
    else{
        printf("60未満です。\n") ;
    }
    return 0;
}
```

コンパイルエラーがなければ、実行してください。実行結果は次のとおりです（図5-10）。

図5-10 ▶ IfNestedAND.c の実行結果

◆パターン1

```
整数の入力--->59
60未満です。
```

◆パターン2

```
整数の入力--->60
60以上80以下です。
```

◆パターン3

```
整数の入力--->80
60以上80以下です。
```

◆パターン4

```
整数の入力--->81
80を超えてます。
```

このプログラム（リスト5-4）は、入力数値が「60以上かつ80以下」であるかを判定しています。

❶「60以上」の評価をしています。評価が「真」のときは直下のif文❷を実行、「偽」のときは「60未満です。」を表示しています。

❷ ❶の「真」(60以上)の評価と「80以下」の評価の組み合わせで、「60以上かつ80以下」の複数条件を作っています。複数条件が「真」のときは「60以上80以下です。」、「偽」のときは「80を超えてます。」を表示しています。

◎ 論理演算子

前節で紹介した「条件1かつ条件2」のように、複数のif文を組み合わせると、場合によっては複雑に見えたりもします。そこで、「条件1の評価」と「条件2の評価」を合わせて全体評価ができれば、if文の数も減りすっきりしたプログラムにもなります。また、複雑な条件式を記述することもできます。

▶ 論理演算子

> **書式**　条件1　論理演算子　条件2

◉「条件1かつ条件2」の条件式のプログラム

前節のソースファイル「IfNestedAND.c」(リスト5-4)を論理演算子で書き換えてみます。一部表示メッセージは違います。プロジェクト「IfLogicalAND」とソースファイル「IfLogicalAND.c」を作成してください(リスト5-5)。

リスト5-5　IfLogicalAND.c

```c
#include <stdio.h>
int main(){
    int num ;
    printf("整数の入力--->") ;
    scanf("%d", &num) ;
    if( num >= 60   &&   num <= 80 ){ ……………… ❶
        printf("60以上80以下です。\n") ;
    }
    else{
        printf("60未満か80を超えてます。\n") ;
    }
    return 0;
}
```

コンパイルエラーがなければ、実行してください。実行結果は次のとおりです（図5-11）。

図5-11 ▶ IfLogicalAND.c の実行結果

◆パターン1

整数の入力--->59
60未満か80を超えてます。

◆パターン2

整数の入力--->60
60以上80以下です。

◆パターン3

整数の入力--->80
60以上80以下です。

◆パターン4

整数の入力--->81
60未満か80を超えてます。

リスト5-5について説明をします。

❶「60以上かつ80以下」の評価式

条件式の実行（評価）順位は、次の❶→❷→❸の順番です。

```
num >= 60   &&   num <= 80
```
　　　❶　　　❸　　　❷

変数numに整数値が代入されています。条件1として「num >= 60」を評価、条件2として「num <= 80」を評価し、その後に2つの評価を「論理演算子の論理積 && 」で全体評価して最終的な「真」「偽」を判定します。

- ＜ケース1＞　数値が70：条件1は「真」、条件2は「真」となり、全体評価も「真」となります。
- ＜ケース2＞　数値が90：条件1は「真」、条件2は「偽」となり、全体評価も「偽」となります。

表5-2 ▶ 論理積 && 真理値表

条件1	条件2	条件1 && 条件2
真	真	真
真	偽	偽
偽	真	偽
偽	偽	偽

論理積「&&」は、条件1・条件2が、共に「真」の場合に全体評価が「真」となります。

●「条件1または条件2」の条件式のプログラム

　ここは文字を使った例題です。ただし、文字列の比較はこの書籍の範疇を超えていますので、以下のように職業を1文字に置き換えて評価式を説明します。

医者doctor：D　　　看護師nurse：N　　　プログラマprogrammer：P　　　学生student：S

　「職業が医者または看護師」を条件式として医療関係者を選ぶプログラムです。
　プロジェクト「IfLogicalOR」とソースファイル「IfLogicalOR.c」を作成してください（リスト5-6）。

リスト5-6　IfLogicalOR.c

```c
#include <stdio.h>
int main(){
    char   profess  ;
    printf("職業を入力--->") ;
    scanf("%c", &profess) ;
    if(profess == 'D'  ||  profess == 'N'){   ………………❶
        printf("医療関係者です¥n") ;
    }
    else{
        printf("医療関係者ではありません¥n") ;
    }
    return 0;
}
```

　コンパイルエラーがなければ、実行してください。実行結果は次のとおりです（図5-12）。

図5-12　IfLogicalOR.c の実行結果

◆パターン1

職業を入力--->D
医療関係者です

◆パターン2

職業を入力--->N
医療関係者です

◆パターン3

職業を入力--->S
医療関係者ではありません

◆パターン4

職業を入力--->P
医療関係者ではありません

リスト5-6について説明をします。

❶「医者または看護師」の評価式

条件式の実行（評価）順位は、次の❶→❷→❸の順番です。

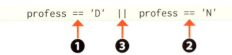

変数professに職業を表す英字1文字が代入されています。条件1として「profess == 'D'」を評価、条件2として「profess == 'N'」を評価し、その後に2つの評価を論理演算子の論理「||」で全体評価して最終的な「真」「偽」を判定します（「||」は「|」を2つ入力します）。

- ＜ケース1＞　職業が'D'：条件1は「真」、条件2は「偽」となり、全体評価も「真」となります。
- ＜ケース2＞　職業が'N'：条件1は「偽」、条件2は「真」となり、全体評価も「真」となります。
- ＜ケース3＞　職業が'P'：条件1は「偽」、条件2は「偽」となり、全体評価も「偽」となります。

表5-3 論理和 ||　真理値表

条件1	条件2	条件1 || 条件2
真	真	真
真	偽	真
偽	真	真
偽	偽	偽

論理積「||」は、条件1・条件2のどちらか1つが「真」の場合に全体評価が「真」となります。

もし、条件が3つあるときは次のように段階的に評価を行います。実行順は、❶→❷の順番です。

多分岐処理

if文は条件式に論理演算子を使っても二方向の分岐しかできませんでした。実際にも二方向以上の分岐はif文の組み合わせで作成もできますが、分岐条件が多数の場合はプログラムの読みやすさが低下します。ここでは、多分岐処理が効率よく書ける構文を説明します。

◎ if文による多分岐処理（if ～ else if）

多分岐構文の中でif文を使った構文「if … else if … else」を説明します（図5-13）。

図5-13 if ～ else if ～ else文

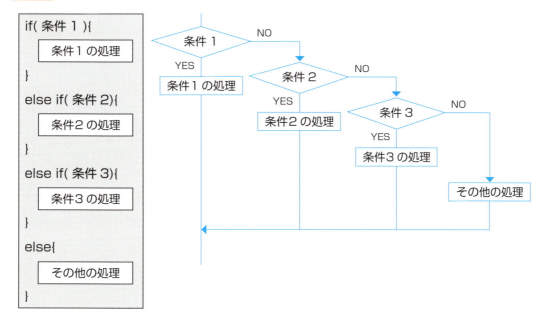

プロジェクト「IfMultiBranch」とソースファイル「IfMultiBranch.c」を作成してください（リスト5-7）。

リスト5-7 IfMultiBranch.c

```
#include <stdio.h>
int main(){
    int point ;
    printf("教科の点数--->");
    scanf("%d", &point) ;
    if (point >= 80 ){               ❶
        printf("成績は優です。¥n");
    }
    else if (point >= 70 ){          ❷
        printf("成績は良です。¥n");
    }
    else if (point >=60 ){           ❸
        printf("成績は可です。¥n");
    }
    else{                            ❹
        printf("不合格です。¥n");
    }
    printf("処理終了...¥n");
    return 0;
}
```

コンパイルエラーがなければ、実行してください。実行結果は次のとおりです。入力する教科の点数により4パターンが考えられます（図5-14）。

図5-14 IfMultiBranch.c の実行結果

◆パターン1
```
教科の点数--->80
成績は優です。
処理終了...
```

◆パターン2
```
教科の点数--->70
成績は良です。
処理終了...
```

◆パターン3
```
教科の点数--->60
成績は可です。
処理終了...
```

◆パターン4
```
教科の点数--->59
不合格です。
処理終了...
```

リスト5-7について説明をします。

❶最初はif文から始まります。条件式が「真」の場合は、「条件1の処理」を行い、処理後はif文から抜けます。そして条件式が「偽」の場合だけ❷の「else if」へ進みます。

❷条件式が「真」の場合は、「条件2の処理」を行い、処理後はif文から抜けます。そして条件式が「偽」の場合だけ❸の「else if」へ進みます。

❸新たな条件式で「真」の場合は、「条件3の処理」を行い、処理後はif文から抜けます。そして条件式が「偽」の場合だけ❹の「else」へ進みます。

❹すべての条件式が「偽」の場合の処理として「else」のブロック内に処理を記述します。「else」は省略可能です、「その他の処理」とか「エラー処理」に利用するといいでしょう。

「else if」は、条件の数だけ記述することができます。if文を入れ子にして作成するのに比べて簡潔で見やすいと思います。それぞれの条件の処理ブロックが終了すれば「if … else if … else」文からは抜けて、次の処理に移ります。

◎ switch文による多分岐処理

もう1つの多分岐構文、switch文を説明します（図5-15）。

図5-15 switch文

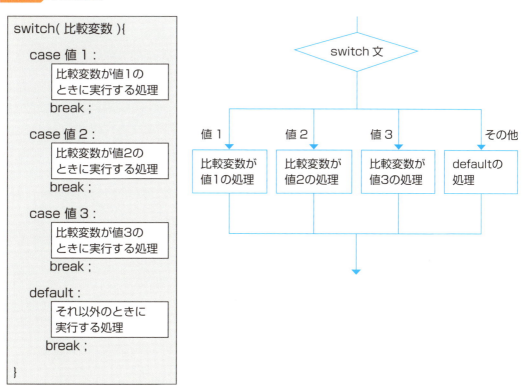

if文は条件式によって分岐しましたが、switch文では「比較変数」の整数値によって分岐します。

◆ switch(比較変数)の比較変数について

「char型」「int型」の変数は記述できますが、「float型」「double型」の変数はコンパイルエラーです。

◆ case の後に記述する「値」について

「char型」または「int型」の定数でなければなりません。つまり、'a'、'A'や10、20です。実数（小数点）はコンパイルエラーです。

◆ break について

caseで指定した値のとき実行される処理の終了を表し、switch文は終了します。

◆ default について

caseで指定した値でなければ、defaultに処理が移ります。defaultは省略可能です。もしdefaultの省略で、caseで指定した値がなければ、そのままswitch文は終了します。defaultの使用例として「その他の処理」や「入力エラー処理」として活用するといいでしょう（リスト5-9で入力エラー処理として使っています）。

プログラムは抽選番号から当選品を選びます。プロジェクト「SwitchMultiBranch」とソースファイル「SwitchMultiBranch.c」を作成してください（リスト5-8）。

リスト5-8 ▶ SwitchMultiBranch.c

```c
#include <stdio.h>
int main(){
    int number ;
    printf("抽選番号入力--->");
    scanf("%d", &number) ;
    switch( number ){                           ❶
        case 77 :                               ❷
            printf("温泉一泊旅行¥n");            ❸
            break ;                             ❹
        case 55 :
            printf("カタログギフト¥n");
            break ;
        case 33 :
            printf("図書カード¥n");
            break ;
        default :                               ❺
            printf("はずれ¥n");
            break ;
    }
    printf("処理終了...");
    return 0;
}
```

コンパイルエラーがなければ、実行してください。実行結果は次のとおりです（図5-16）。

図5-16 ▶ SwitchMultiBranch.c の実行結果

◆パターン1

抽選番号入力--->77
温泉一泊旅行
処理終了...

◆パターン2

抽選番号入力--->55
カタログギフト
処理終了...

◆パターン3

抽選番号入力--->33
図書カード
処理終了...

◆パターン4

抽選番号入力--->80
はずれ
処理終了...

リスト5-8について説明をします。

❶ switch文の()内に比較する変数を書きます。
❷ caseの次に❶の比較変数を調べる「値」とコロン「：」を書きます（「；」ではありません）。
❸ 比較変数と❷の「値」が一致したときの処理を書きます。このリストでは一行ですが複数行はもちろん、if文なども書けます。複数行がある場合は、ここからリストの下部に向かって順番に処理していき、break文の実行で終了します。
❹ ❸の一致した処理の終了を表します。breakの実行でswitch文から抜けます。
❺ すべてのcaseが一致しないときに実行されます。ここでは、「その他の処理」として"はずれ"を表示しています。

● break文を利用した複数条件（〜または〜）

　break文はcaseで比較変数と「値」が一致したときの処理を終了してswitch文から抜けますが、使い方によっては論理和（〜または〜）の複数条件を書くことができます。

　次のプログラムは、問い合わせ処理で「Yes」または「No」を入力するとき、キーボードの状態により大文字、小文字の両方を受け入れるようにしています。switch文では文字列の比較はできないため「Yes」は「'Y'または' y '」、「No」は「'N'または'n'」の1文字を入力します。

　プロジェクト「SwitchOR」とソースファイル「SwitchOR.c」を作成してください（リスト5-9）。

リスト5-9　SwitchOR.c

```c
#include <stdio.h>
int main(){
    char   response ;
    printf("Y/Nを入力--->") ;
    scanf("%c", &response) ;
    switch(response){
        case 'Y' :                              ❶
        case 'y' :                              ❷
            printf("Yesです。\n");
            break ;
        case 'N' :
        case 'n' :
            printf("Noです。\n");
            break ;
        default :                               ❸
            printf("YまたはN以外の入力です。\n");
            break ;
    }
    return 0 ;
}
```

コンパイルエラーがなければ、実行してください（図5-17）。

図5-17 SwitchOR.c の実行結果

◆パターン1

```
Y/Nを入力---> Y
Yesです。
```

◆パターン2

```
Y/Nを入力---> y
Yesです。
```

◆パターン3

```
Y/Nを入力---> N
Noです。
```

◆パターン4

```
Y/Nを入力--->n
Noです。
```

◆パターン5

```
Y/Nを入力---> a
YまたはN以外の入力です。
```

リスト5-9について説明をします。

❶caseで 'Y' なら下方向に流れていきprintf()を実行してbreakで終了です。
❷caseで 'y' なら直下のprintf()を実行してbreakで終了です。
「case 'Y'：」にbreakがないのでprintf()は共通の処理となっています。これで論理和の複合条件ができました（図5-18）。

図5-18 論理和の複合条件

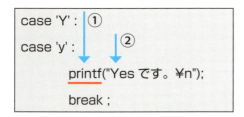

❸defaultは、「Y,y」「N,n」以外の入力で実行します。エラー処理として扱っています。

COLUMN　if〜else if文とswitch文の違いと使い分け

	if〜else if	switch文
変数と変数の等価比較	◎	×
変数と定数の等価比較	◎	○（実数は不可）
変数と変数の大小比較	◎	×
変数と定数の大小比較	◎	×
複数条件の分岐	◎	△（論理和のみ）
多分岐の構文の見やすさ	○	◎

switch文は、変数を等価条件で複数のパターンに分岐する場合に適しています。
if〜else if文は、自由度があり、高度な分岐に適しています。多分岐のときは、else ifを重ねて書くために、プログラムが複雑になるため、記述ミスも多くなります。

　条件分岐といっても二方向に分岐する構文、多分岐の構文、比較演算子を組み合わせた複数条件などでかなり実践的な分岐を学習しました。次のCHAPTERでは代表的なもう1つの構文である「繰り返し」を学習します。

CHAPTER

6

ループ処理

01 ループ処理とは
02 ループ構文の種類
03 二重ループ

SECTION 01 ループ処理とは

前章では、条件により処理の流れを替える制御構文「条件分岐」について学習しました。このCHAPTERでも代表的な制御構文の一つである「ループ」について学習します。「ループ」処理はコンピュータの最も得意とする処理です。構文の種類や使い方などを説明します。

◎ ループ処理の考え方

日常の生活の中でも「一定の作業をある条件の間繰り返す」ことは、さほど意識することなくたびたび行っています。プログラムでは、プログラマが「一定の処理を効率よく繰り返す」ようにプログラミングしています。「ループ処理」にはどのような要素があるのか、事例で考えてみましょう。

「食券販売機から希望のメニューを選んで、その金額または金額以上のお金を投入して食券を購入する」手順を大まかに考えてみましょう。

図6-1にあるように「コイン投入する」「投入金額合計の表示を確認する」が繰り返す処理です。フローチャートからもわかるように「繰り返す処理」だけでは成り立っていません。

ループ処理は、大雑把に次の3要素から構成されています。

①繰り返す処理の初期設定
　「メニューを選ぶ」「料金を確認する」「投入金額の表示が『0』を確認する」が挙げられます。

②繰り返す処理の継続条件または終了条件の判定
　「投入金額の合計＜料金」の判定で、条件式はif文のときと同じです。

③繰り返すべき本処理
　「コイン投入する」「投入金額合計の表示を確認する」が挙げられ、②の継続条件が「YES」の間繰り返し実行されます。

なお、「食事券ボタンを押す」「おつりはあるか」はループ処理が終了してから実行されます（図6-1）。

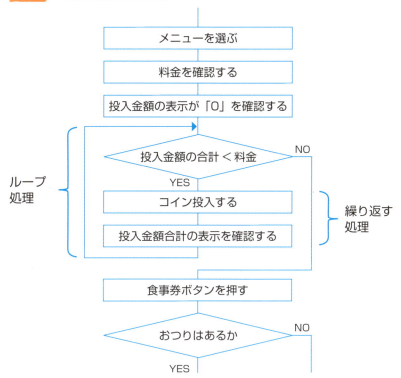

図6-1 「食券を購入する」手順

◎ ループのフローチャート

　図6-1のフローチャートでは、継続条件の分岐はあたかも「if文を使うのかな」と勘違いをするかもしれません。ループのための分岐にはif文は使いません、専用の構文が用意されています。フローチャートも専用の記号で書きます。それは、「ループ始端」と「ループ終端」で、ループ名と継続条件を入れます。

- ループ名は処理の概要を簡潔に書きます（偶数奇数の合計、料金投入など）。
- 継続条件は「〜で継続」と明記します。

　また、「繰り返す処理」は字下げをして書きます。これにより、繰り返す処理が視覚的にわかります（図6-2）。

図6-2 ループのフローチャートの書き方

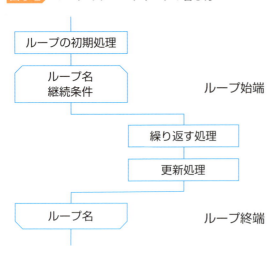

ループの初期処理について
「投入金額の表示が『0』を確認する」のように、ループ内処理で必要となるデータの初期化をします。

更新処理について
　図6-1の「食券を購入する」手順にはありませんが、一般的な処理には「次のループのためにデータを準備する」などが必要です。それらをまとめて更新処理としています。

SECTION 02 ループ構文の種類

前SECTIONで、ループ処理は「繰り返す処理」だけでは成り立たないことや、ループの分岐にif文は使えないことなどを説明しました。ここでは、具体的なループ構文の特徴や使い方、特殊な命令でループの継続や中断をする方法なども説明します。

◎ 前置型と後置型

　ループ構文には大きく分けて2種類があります。下記のフローチャートを見てください。違いは、継続条件の判定がループ始端にあるか、ループ終端にあるかです。＜前置型＞はループ始端にあり、「継続条件」→「繰り返す処理」を繰り返します。最初の「継続条件」が「偽」なら「繰り返す処理」は実行されないままループ構文は終了します。while文やfor文が該当します。＜後置型＞はループ終端にあり、「繰り返す処理」→「継続条件」を繰り返します。最初の「継続条件」が「偽」でも必ず1回は「繰り返す処理」を実行します。do〜while文が該当します（図6-3）。

図6-3 前置型と後置型のループ構文

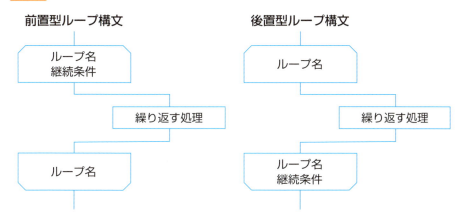

◎ while文を使う

これまででループ構文のイメージはわかったと思います。ここでは、前置型のwhile文を使って「1から10までの合計を求めて画面へ表示する」プログラムを説明します。プロジェクト管理用のフォルダー「Chapter06」を作成し、プロジェクト「WhileStatement」とソースファイル「WhileStatement.c」を作成してください（リスト6-1）。

リスト6-1 WhileStatement.c

```c
#include <stdio.h>
int main(){
    int num, total ;
    total = 0 ;                              ❶
    num = 1 ;                                ❷
    while( num <= 10 ){                      ❸
        total = total + num ;                ❹
        num = num + 1 ;                      ❺
    }
    printf("合計値は%dです。\n", total);      ❻
    printf("変数numは%dです。\n", num);       ❼
    return 0;
}
```

コンパイルエラーがなければ、実行してください。実行結果は次のとおりです（図6-4）。

図6-4 WhileStatement.c の実行結果

```
合計値は55です。
変数numは11です。
```

リスト6-1の❸がループ構文です。以下はwhileの書式です。

▶ **while 文**

書式
```
while（継続条件）{
    繰り返す処理
}
```

概要 継続条件が「真」の間、「繰り返す処理」を繰り返し実行します。「偽」でwhile文から抜けてループ処理は終了です。

リスト6-1について説明をします。

❶ 1〜10までの合計が入る変数で初期値は0です。
❷ 加算する数値で初期値は1です。ループブロック内で1ずつ加算されます。
❸ while文の継続条件は「num <= 10」です。numは加算する数値ですが、継続条件の判定にも使われています。
- **num は1,2,3,……9,10で「真」の判定となり、ループブロックを実行します。**
- **num は11で「偽」の判定となり、while文から抜けます。**

❹ ループ内の処理で、実行時のnumの値をtotalに加算しています。

total = total + num ; は代入演算子を使って、total += num ; に書き換えもできます（図6-5）。

図6-5 ▶ num と加算前後のtotalの値

ループ処理	1回目	2回目	3回目	…	9回目	10回目
加算前のtotal	0	1	3		36	45
numの値	1	2	3		9	10
加算後のtotal	1	3	6		45	55

❺ ループ内の処理で、次に加算する数値を作っています。この処理にコーディングミスがあると合計値に間違いがあるのは当然ですが、❸継続条件の判定に影響を及ぼしループが止まらないことも考えられます。これは次のループのための処理で、更新処理といえます。

num = num + 1 ; はインクリメント演算子を使って、num++ ; に書き換えもできます。

❻ ❸継続条件の判定で「偽」となりwhileから抜けた直後の処理で、1〜10までの合計を表示しています。

❼ デバッグのために変数numを表示しています。値は11で期待どおりでした。

POINT

処理のキーになる変数を表示するとデバッグの助けになります。プログラムが完成して不要になったらコメントアウトしてください。

```
// printf("変数numは%dです。¥n", num);   ……行の先頭に「//」を挿入してコメントにします
```

◎ 繰り返しと条件分岐

　ループブロックで、順次処理だけでなく条件分岐のif文を使ったプログラムです。「正の整数をキーボードから入力し、偶数値だけの合計を求めて画面に表示します。入力処理の終了は負の整数が入力されたときです。プロジェクト「WhileWithInput」とソースファイル「WhileWithInput.c」を作成してください（リスト6-2）。

リスト6-2 ▶ WhileWithInput.c

```c
#include <stdio.h>
int main(){
    int  inData, sum  ;
    sum = 0 ;
    printf("正の偶数を入力（負数でループ終了）--->") ;      ❶
    scanf("%d", &inData) ;
    while(inData >= 0){                                    ❷
        if( inData % 2 == 0 ){                             ❸
            sum += inData ;                                ❹
        }
        else{
            printf("...奇数です。¥n") ;                    ❺
        }
        printf("正の整数を入力（負数でループ終了）--->") ; ❻
        scanf("%d", &inData) ;
    }
    printf("偶数の合計は%dです。¥n", sum) ;               ❼
    return 0 ;
}
```

　コンパイルエラーがなければ、実行してください。実行結果は次のとおりです（図6-6）。

図6-6 ▶ WhileWithInput.c の実行結果

```
正の偶数を入力（負数でループ終了）--->8
正の偶数を入力（負数でループ終了）--->12
正の偶数を入力（負数でループ終了）--->5
...奇数です。
正の偶数を入力（負数でループ終了）--->6
正の偶数を入力（負数でループ終了）--->-1
偶数の合計は26です。
```

　リスト6-2について説明をします。

❶入力した数値は、while文の継続条件の判定に使われます。繰り返しの初期設定といえます。

❷正の整数の判定です。

判定は「inData >= 0」で、もし「偽」ならwhile文は終了します。

❸剰余演算子を使った「偶数か？」の判定です。余りが「0」なら偶数です。

❹偶数の合計に加算します。

❺奇数の処理で、メッセージ"...奇数です。"を表示しています。

❻❶と同じ処理です。次の数値を入力して❷の判定へ進みます。このようにループの先頭で継続条件を判断する前判定型では、「次のデータを入力する」などの準備作業が必要です。

❼負数の入力で❷の判定が「偽」となりwhile文終了直後の処理で「偶数の合計」を表示しています。

◎ break文の役割を知る

while文のループブロック内でbreak文を使うとwhile文を強制的に終了することができます。ループブロック内は自由に使えるので、複雑な条件での終了や、エラー処理として使うことも可能です。煩雑に使うとどのような条件で終了したのかわからなくなってしまうので、デバッグを兼ねて簡単なメッセージを表示するといいでしょう。先ほどのプログラム（リスト6-2）を変更します（奇数の値を終了条件に追加しました）。「正の整数をキーボードから入力し、偶数値の合計を求めて画面に表示する。入力処理の終了は負の整数および奇数の値の入力です。」プロジェクト「WhileWithBreak」とソースファイル「WhileWithBreak.c」を作成してください（リスト6-3）。

リスト6-3 WhileWithBreak.c

```c
#include  <stdio.h>
int main() {
    int  inData, sum;
    sum = 0;
    printf("正の偶数を入力（負数でループ終了）--->");
    scanf("%d", &inData);
    while (inData >= 0) {
        if (inData % 2 == 0) {
            sum += inData;
        }
        else {
            printf("...奇数の入力で終了...\n");
            break;
        }
        printf("正の偶数を入力（負数でループ終了）--->");
        scanf("%d", &inData);
    }
```

```
        printf("偶数の合計は%dです。¥n", sum);
        return 0;
    }
```

コンパイルエラーがなければ、実行してください。実行結果は次のとおりです（図6-7）。

図6-7　WhileWithBreak.c の実行結果

```
正の偶数を入力（負数でループ終了）--->8
正の偶数を入力（負数でループ終了）--->12
正の偶数を入力（負数でループ終了）--->5
...奇数の入力で終了...
偶数の合計は20です。
```

break文の実行でwhile文が終了します。if文後のprintf();、scanf();は実行されません。

```
    else{
            printf("...奇数の入力で終了...¥n") ;
            break ;
        }
        printf("正の整数を入力（負数でループ終了）--->") ;      ここは実行されない
        scanf("%d", &inData) ;
    }
    printf("偶数の合計は%dです。¥n", sum) ;
    return 0 ;
```

◎ 無限ループの取り扱い方

　継続条件の書き方のミスによって、継続条件が永遠に「偽」にならずに、ループブロック内の処理が実行され続けることがあります。これを無限ループといいます。この場合、結果が表示されるコンソール画面の＜閉じる＞ボタンをクリックして、プログラムを強制終了させてください。また、意図的に無限ループを作り、適当な条件で無限ループを終了させることができます。無限ループの終了はbreak文を使います。リスト6-2を無限ループに置き換えます。プロジェクト「WhileInfiniteLoop」とソースファイル「WhileInfiniteLoop.c」を作成してください（リスト6-4）。

リスト6-4　WhileInfiniteLoop.c

```
#include <stdio.h>
int main(){
    int  inData ;
    int  sum ;
```

```c
    sum = 0 ;
    while(1){                                                          ❶
        printf("正の整数を入力（負数でループ終了）--->") ;
        scanf("%d", &inData) ;                                         ❷
        if( inData < 0 ){
            break ;                                                    ❸
        }
        if( inData % 2 == 0 ){
            sum += inData ;
        }
        else{
            printf("...奇数です。¥n") ;
        }
    }
    printf("偶数の合計は%dです。¥n", sum) ;
    return 0 ;
}
```

コンパイルエラーがなければ、実行してください。実行結果は図6-6と同じです。

リスト6-4について説明をします。

❶ while文の無限ループです。継続条件の「1」は、常に「真」を表しており、ループブロックを無限に繰り返します。

❷ リスト6-2では2カ所にあった入力処理が、ループブロックの先頭にまとまりました。

❸ 終了条件の判定です。入力数値が負（？）「inData < 0」の判定で、「真」ならbreak文の実行でwhile文が終了です。

POINT

この事例では、無限ループのメリットを感じると思います。実務ではコーディング規約などで無限ループを差し控えるケースが多いようです。プログラムの学習でも「基本を身に付ける」のが一番重要で、ループ構文は「〜の間繰り返す」が基本です。無限ループの使用はなるべく使わないようにしましょう。

◎ for文を使う

前置型のループ構文の1つfor文を説明します。for文の特徴を説明するために、while文で紹介したリスト6-1をfor文に置き換えます。「1から10までの合計を求めて画面へ表示する」プログラムです。プロジェクト「ForStatement」とソースファイル「ForStatement.c」を作成してください（リスト6-5）。

リスト6-5 ForStatement.c

```c
#include <stdio.h>
int main(){
    int num ;
    int total = 0 ;                              ……①
    for( num = 1 ; num <= 10 ; num = num + 1 ){  ……②
        total = total + num ;                    ……③
    }
    printf("合計値は%dです。¥n", total);
    printf("変数numは%dです。¥n", num) ;
    return 0;
}
```

コンパイルエラーがなければ、実行してください。実行結果は次のとおりです（図6-8）。

図6-8 ForStatement.c の実行結果

```
合計値は55です。
変数numは11です。
```

while文のリスト6-1を「ループのフローチャート」を参考に機能面を洗い出します。

- ループの初期処理としてリスト6-1 ②
- ループの継続条件判定としてリスト6-1 ③
- ループの更新処理としてリスト6-1 ⑤

が挙げられ、ループ構文では3点セットとして機能しています。for文はその3点セットをまとめて記述できる構文です。

▶ for文の書式

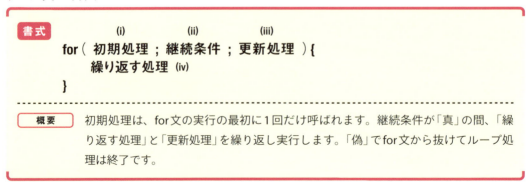

書式
```
       (i)      (ii)     (iii)
for ( 初期処理 ; 継続条件 ; 更新処理 ){
     繰り返す処理 (iv)
}
```

概要 初期処理は、for文の実行の最初に1回だけ呼ばれます。継続条件が「真」の間、「繰り返す処理」と「更新処理」を繰り返し実行します。「偽」でfor文から抜けてループ処理は終了です。

for文の実行順は次のようになります（図6-9）。

図6-9 for文の実行順

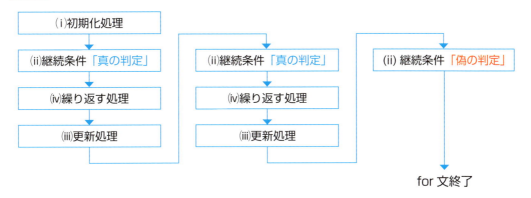

リスト6-5を説明します。

❶1～10までの合計が入る変数で初期値は0です。
❷for文です。

初期処理	加算データを初期設定します。 num = 1
継続条件	加算データが10以下？ 評価が「真」なら繰り返す処理❸を実行します。 num <= 10
更新処理	加算データを1つ加算します。 num = num + 1

❸繰り返す処理としてnumの値をtotalに加算しています。
　なお、❷はインクリメント演算子、❸は代入演算子を使うと次のように書き換えることができます。

```
for( num = 1 ; num <= 10 ; num++ ){
    total += num ;
}
```

COLUMN | for文の記述ミス

①for()の初期処理、継続条件、更新処理の区切りは「:」ではありません。

　　（誤）for(初期処理 : 継続条件 : 更新処理) ……………… コンパイルエラー
　　　　　　　　　　↓セミコロン「;」を使います
　　（正）for(初期処理 ; 継続条件 ; 更新処理)

②初期処理、更新処理が複数なら各式の区切りは「;」ではありません。

　　（誤）for(i = 0 ; j = 1 ; 継続条件 ; 更新処理) ……………… コンパイルエラー
　　　　　　　　　　↓カンマ「,」を使ってつなぎます
　　（正）for(i = 0 , j = 1 ; 継続条件 ; 更新処理)
　　（正）for(初期処理 ; 継続条件 ; i++ , j++)

③初期処理、更新処理がない（たくさんあって書けない）ので「;」を省略した。

　　（誤）for(継続条件 ; 更新処理) ………………………………………… コンパイルエラー
　　（誤）for(初期処理 ; 継続条件) ………………………………………… コンパイルエラー
　　　　　　　　↓「;」省略できません
　　（正）for(　; 継続条件 ; 更新処理)
　　（正）for(初期処理 ; 継続条件 ;)
　　（正）for(　; 継続条件 ;) ……………………………… 初期処理と更新処理の両方を省略

④継続条件を省略した。

　　（誤）for(初期処理　; 更新処理) ………………………………………… コンパイルエラー
　　　　　　　　　↓「;」省略できません
　　（正）for(初期処理 ; ; 更新処理) ……………………………………… 無限ループです

※for文の無限ループは

　　for(; ;){

でも可能です。無限ループから抜けるのはwhile文と同じく「break文」の実行です。

◎ 複数継続条件、どの条件で終了したか

　ループ構文は、複数の継続条件を使い分けてループ処理を行っています。このような場合、for文の終了は、どの条件なのか判定する必要があります。このプログラムは「すごろく」をイメージしています。
　「すごろくの駒はスタート位置（0）にあり、サイコロの出目を駒の位置に加算して、駒の位置が20でゴールです。サイコロは最大5回まで振ることができます」なお、サイコロの出目は乱数を使っています。プロジェクト「ForDice」とソースファイル「ForDice.c」を作成してください（リスト6-6）。

リスト6-6　ForDice.c

```c
#include <stdio.h>
#include <stdlib.h>
#include <time.h>
int main(){
    int count, dice ;
    int position = 0 ;
    srand( (unsigned int)time(NULL) );                          ……❶
    for( count = 5 ;   position < 20  &&  count > 0 ;  count-- ){ ……❸
        printf("\nサイコロを振って(Enter入力)");
        fflush(stdin) ;                                         ……❷
        getchar() ;                                             ……❷
        dice = rand() % 6 + 1;                                  ……❶
        position += dice ;                                      ……❹
        printf("%d進み... 現在のサイコロは%dです。\n", dice, position);
    }
    if(  position >= 20 ){                                      ……❺
        printf("ゴール!!\n");
    }
    else{
        printf("残念　終了...\n");
    }
    return 0;
}
```

　コンパイルエラーがなければ、実行してください。実行結果は次のとおりです（図6-10）。

図6-10 ForDice.c の実行結果

◆パターン1

サイコロを振ってEnter
3進み... 現在のサイコロは3です。

サイコロを振ってEnter
5進み... 現在のサイコロは8です。

サイコロを振ってEnter
6進み... 現在のサイコロは14です。

サイコロを振ってEnter
6進み... 現在のサイコロは20です。
ゴール！！

◆パターン2

サイコロを振ってEnter
4進み... 現在のサイコロは4です。

サイコロを振ってEnter
3進み... 現在のサイコロは7です。

サイコロを振ってEnter
2進み... 現在のサイコロは9です。

サイコロを振ってEnter
5進み... 現在のサイコロは14です。

サイコロを振ってEnter
1進み... 現在のサイコロは15です。
残念　終了...

リスト6-6について説明をします。

❶乱数の「初期値」とサイコロの目「1～6」を作っています。詳細はCOLUMN「乱数について」を参照ください。

❷getchar()はサイコロを振る間を取っています。Enterキーを押してください。

fflush(stdin);はCHAPTER 4の章末のCOLUMN「文字の入力が正しくできない」を参照ください。

❸for文で複数条件の判定です。

初期処理	サイコロを振る最大回数を5に設定しています。
継続条件	「駒の位置が20未満」かつ「サイコロを振る回数が残っている」の複数の継続条件です。
更新処理	サイコロを振る回数をディクリメントしています。

❹サイコロの出目を駒の位置に加算しています。
❺❸の継続条件のどちらが「偽」になったのかを判定しています。ここは「ゴールしたか？」の条件判定です。for文の出口は1つなので、この処理が必要です。

COLUMN　乱数について

乱数とはランダムな数のことで、不規則かつ等確率に現れる数です。例えば、サイコロを振って出る数のようにバラバラの数のことです。

```
#include <stdlib.h>          ┐
#include <time.h>             ┘ ❶
    :
srand(time(NULL));              ❷ 乱数の種を初期化
int dice = rand() % 6 + 1;      ❸ サイコロを振る
    :
```

❶srand()、rand()関数を使うには、必要なヘッダファイルをインクルードします。
❷乱数の初期値を設定しています。初期値が「定数」ならそれ以降に生成する乱数は決まってしまうので、初期値を毎回変えたいので「現在時刻」を利用しています。
❸1〜6までの乱数を生成します。

```
＜例1＞1〜100までの乱数なら
        int value = rand() % 100 + 1;
＜例2＞じゃんけんなら3種類なので1〜3を生成
        int value = rand() % 3 + 1;
```

◎ continue文の役割

ループ構文の流れを制御する1つとして「break文」がありました。「break文」によりループ構文から抜け出すことができましたが、ここでは、「繰り返しを続ける」文として「continue文」を説明します。ここで作成するプログラムは「1～20までの値で、3の倍数以外を表示する」ものです。

プロジェクト「ForContinue」とソースファイル「ForContinue.c」を作成してください（リスト6-7）。

リスト6-7 ForContinue.c

```c
#include <stdio.h>
int main(){
    int i ;
    for( i = 1 ; i <= 20 ; i++ ){
        if(  i % 3 == 0  ){         ……… ❶
            continue ;               ……… ❷
        }
        printf("i = %d\n", i);
    }
    printf("終了...\n");
    return 0;
}
```

コンパイルエラーがなければ、実行してください。実行結果は次のとおりです（図6-11）。

図6-11 ForContinue.c の実行結果

```
i = 1              continueはfor文の更新処理へジャンプします。
i = 2
i = 4              for( i = 1 ; i <= 20 ; i++ ){
i = 5                  if(  i % 3 == 0  ){
 ⋮                         continue ;
i = 17                 }
i = 19                 printf("i = %d\n", i) ;
i = 20             }
終了...
```

リスト6-7について説明をします。

❶「3の倍数の判定」です。剰余演算子で3の余りが0なら3の倍数と判断しています。

❷ continue文は、繰り返す処理の残りのprintf(…)をスキップして更新処理へ移り、ループ処理は継続されます。

◎ 変数のスコープ

変数のスコープとは宣言した変数が使える有効範囲のことです。リスト6-5を変更して検証します。

変更点は、変数numの宣言位置をfor文の初期処理に移します。プロジェクト「ScopeVariable」とソースファイル「ScopeVariable.c」を作成してください（リスト6-8）。

リスト6-8 ▶ ScopeVariable.c

```c
#include <stdio.h>
int main(){
    int total = 0 ;
    for( int num = 1 ; num <= 10 ; num = num + 1 ){      ……❶
        total = total + num ;
    }
    printf("合計値は%dです。¥n", total);
    printf("変数numは%dです。¥n", num) ;      ……❷
    return 0;
}
```

numの範囲

totalの範囲

リスト6-8について説明をします。

❶ 変数numを宣言しています。numの有効範囲は、宣言した位置からそれが含まれているブロック{…}までです。直接関係ありませんが変数totalの有効範囲もリストに示しました。

❷ コンパイルするとこの行にエラーがあることがわかります。変数numに赤い波線が出ているのでマウスポインタをあてると「識別子"num"が定義されていません」の吹き出しが現れます。

```
printf("合計値は%dです。¥n", total);
printf("変数numは%dです。¥n",num);
return 0;
```

識別子"num"が定義されていません

ソリューションのビルド（ F7 キー）をすると下部の出力ビューにエラー情報が表示されます。

```
……\scopevariable.c(16): error C2065: 'num': 定義されていない識別子です。
```

これは、「変数numが見つからない」という意味です。変数は宣言しているのに「スペルミスかな？」「全角コードやごみがあるのかな？」と思うこともあります。しかし原因は、上記リストでわかるように変数numの有効範囲を超えて参照しているからです。言い換えれば、printf("変数numは…", num) をコンパイルするときには、変数numは消滅しています。

ブロック内で宣言した変数は、そのブロックだけで有効であってブロックの外からは参照できないので、変数numの宣言をfor文の外側に移します。これでエラーはなくなります。

```
int total = 0;
int num ; ……………………… 宣言をfor文の外にして有効範囲を広げました
for ( num = 1 ; num <= 10; num = num + 1) {
    ……中略……
}
```

今回のサンプルはfor文のブロック中で使う変数をブロック以外で参照した例です。特別な処理でなければ、変数宣言はmain()の直下で行うとmain関数終了まで有効となり有効範囲を気にしなくともいいでしょう。

```
int main(){
        変数をまとめて宣言
```

◎ do-while文を使う

後置型のループ構文として「do-while文」を説明します。後置型は「必ず1回は繰り返す処理を実行する」のが特徴と説明しました。while文との違いがわかるようにリスト6-2を書き換えます。プロジェクト「DoWhileWithInput」とソースファイル「DoWhileWithInput.c」を作成してください（リスト6-9）。

リスト6-9 ▶ DoWhileWithInput.c

```
int main(){
    int  inData ;
    int  sum ;
    sum = 0 ;
    do{
        printf("正の偶数を入力（負数でループ終了）--->") ;  ……❶
        scanf("%d", &inData) ;
        if( inData >= 0 ){ ……❷
            if( inData % 2 == 0 ){
                sum += inData ;
            }
            else{
                printf("...奇数です。¥n") ;
            }
        }
    }
    while(inData >= 0) ;
```

```
        printf("偶数の合計は%dです。¥n", sum) ;
        return 0 ;
}
```

コンパイルエラーがなければ、実行してください。実行結果は図6-6と同じなので省略します。

▶ do-whileの書式

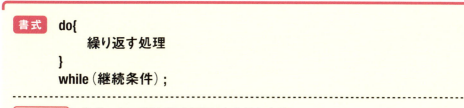

リスト6-9について説明をします。

❶数値の入力は、繰り返す処理ブロック内で1カ所のみです。while文よりすっきりしました。
❷このif文はリスト6-2のwhile文にはありません。継続判定が後になるので、負数なら偶数・奇数処理をしないようにif文で分岐しています。

do-while文は、❶のようなメリットもあります。❷のようにif文が入れ子の構造になることもあります、必要に応じてbreak文を使うのも有効でしょう。

SECTION 03 二重ループ

CHAPTER5でif文の入れ子を説明しました。ループ構文にも「ループ文の中にさらにループ文を入れる」ことがあります。これを二重ループといいます。ここでは、ループ文のネストを使ってよく用いられる身近な例で説明します。

◎ 二重ループにチャレンジ

これまでに紹介したループ構造はループ処理がシンプルにプログラミングでき、コードの理解もしやすかったと思います。二重ループになるとやや複雑になり、プログラミングする上でも間違いやすくもなります。しかし、一重ループではプログラミングしにくい処理を、二重ループを使うことで処理が階層化され比較的簡潔に書くことができます。ここでは、「九九（9×9）表」を表示するプログラムを説明します。プロジェクト「DoubleLoop」とソースファイル「DoubleLoop.c」を作成してください（リスト6-10）。

リスト6-10 DoubleLoop.c

```c
#include <stdio.h>
int main(){
    int n ;
    int j ;
    for( n = 1 ; n <= 9 ; n++ ){          ……❶
        printf("<%dの段>\n", n) ;         ……❷
        for( j = 1 ; j <= 9 ; j++ ){      ……❸
            printf("%2d  ", n*j) ;        ……❹
        }
        printf("\n") ;                    ……❺
    }
    return 0;
}
```

コンパイルエラーがなければ、実行してください。実行結果は次のとおりです（図6-12）。

図6-12 ▶ DoubleLoop.c の実行結果

```
<1の段>
 1  2  3  4  5  6  7  8  9
<2の段>
 2  4  6  8 10 12 14 16 18
<3の段>
 3  6  9 12 15 18 21 24 27

<7の段>
 7 14 21 28 35 42 49 56 63
<8の段>
 8 16 24 32 40 48 56 64 72
<9の段>
 9 18 27 36 45 54 63 72 81
```

リスト6-10は、for文の中にさらにfor文が入っている二重ループです。

❶外側for文は、初期処理として変数nに「段の値」を設定（初期値1）しています。

継続条件が「真」なら、<nの段>を表示（❷）と内側for文（❸）へと処理が移ります。

内側for文から戻ると「改行」（❺）と「段の値」を更新しています。

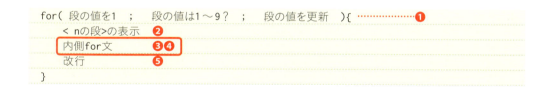

❸内側for文は、外側for文が指定した「段の値」と変数jの乗算と画面表示をしています。
❹計算式は「段の値」*j　です。 jは1,2,3,…,7,8,9 と更新されます。

書式仕様は、「"%2d "」で、整数（%d）2桁でゼロサプレスし、見やすいようにスペースを2つ追加しています。横方向への表示を9回繰り返しています、改行は外側ループの❺でしています。

図6-13 外側・内側ループの切り換え

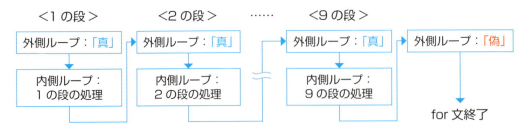

このように、二重ループの場合は、内側ループの処理が終了した後、外側ループが繰り返されます。

COLUMN　ゼロサプレスとは

数値を表示する際、桁数をそろえて表示するときがあります。指定の桁数に満たない場合は0を付けずにスペースに置き換えます。

- "%2d"：9を2桁で表示すると"△9"と表示されます。　（△：スペースです）
- "%5d"：9を5桁で表示すると"△△△△9"と表示されます。

2、5は表示の桁数です。

● 他の二重ループ例

二重ループの流れが理解できたところで、もう1つサンプルを紹介します。それは、次のように表示するプログラムです（図6-14）。

図6-14 DoubleLoopCircle.c　表示例

プロジェクト「DoubleLoopCircle」とソースファイル「DoubleLoopCircle.c」を作成してください（リスト6-12）。

リスト6-11 ▶ DoubleLoopCircle.c

```c
#include <stdio.h>
int main() {
    for (int line = 8 ; line > 0 ; line-- ) {      ❶
        for (int i = 0 ; i < line; i++ ) {          ❷
            if ( i%2 == 0 ) {                       ❸
                printf("●");
            }
            else {
                printf("○");
            }
        }
        printf("¥n");
    }
    return 0 ;
}
```

コンパイルエラーがなければ、実行してください。実行結果は図6-14のようになりましたか？
リスト6-11について説明をします。

❶ 8行の繰り返しです。もうおなじみのコードですので説明は省略します。
❷ 1行分の処理です。❶の変数 line の回数分 printf("●") または printf("○"); を実行します。
❸ if(i%2 == 0)は偶数、奇数判定で何度か出てきました。ここでは、「i%2」が0, 1, 0, 1, 0, 1 のように数値が循環することを利用しています。0なら「●」、1なら「○」を表示します。
1回目の内側ループ（lineは8）のiとi%2の値は以下のとおりです。

```
変数i : 0 1 2 3 4 5 6 7
i%2  : 0 1 0 1 0 1 0 1
       ● ○ ● ○ ● ○ ● ○
```

二重ループを使いこなすことで、ちょっと複雑な処理もシンプルに書けます。外側ループと内側ループの「役割分担」を明確にすること、「情報の受け渡し」がポイントです。

◎ 二重ループとbreak文

ループ構文を抜けるには「継続条件が偽」となるか「break文」の実行が必要です。どちらにしてもそのループ構文だけ抜けます。複数条件やbreak文を併用している場合、「なぜ抜けたの？」の判断が必要になります。特に、繰り返す処理にエラーなどがあったらその情報を通知しなければなりません。

簡略な例を示します（図6-15）。

図6-15 ▶ break文によるエラー処理

```
    :
int errorFlag = 0 ;  ……………………… エラーフラグOFF
for(……){

        for(……){
                     エラー
            errorFlag = 1;  ………………… エラーフラグON（情報設定）
            break ;  ……………………………… 内側ループを抜けます
        }
        if( errorFlag == 1 ){  …………… 内側ループエラーがあったか？
            break ;  ……………………………… 外側ループを抜けます
        }
        :
}
```

- エラーフラグ（**int errorFlag**）は、エラー発生でエラー番号などを設定します。変数の有効範囲は広くとったほうがいいのでプログラムの先頭部がいいでしょう。
- **break**文は、一度に複数のループ文を抜けることはできないので、一段ずつ抜けるようにします。

POINT

フラグとは普通の変数と同じです。しかしデータの一時的な保管場所の役割に加えて、プログラムの流れを切り換えるなどの情報を設定します。旗（**flag**）のことなので、例えば、「0でA処理へ、1でB処理へ分岐する」という意味を持たせます。

今回の例は、エラーを想定していますが、エラー情報だけでなく「何らかの情報を内側ループから外側ループに通知する（戻す）」こともできます。

3種類のループ構文や制御文（break、continue）とCHAPTER 5の条件分岐などを組み合わせた本格的なプログラムを学習しました。かなりプログラムに慣れてきたのではないでしょうか？

次のCHAPTERでは、同一型データを1つにまとめたデータ構造「配列」について学習します。

CHAPTER

7

配列とループ処理

01 配列
02 配列の基本操作
03 配列のループ処理とサンプルプログラム

SECTION 01 配列

前章では、所定の処理を繰り返し実行する制御構文「ループ」について学習しました。この**CHAPTER**では、データをまとめて取り扱う配列を説明します。配列は、大半のプログラミング言語で重要なデータ構造の1つとして定義されており、大変使い勝手のいいデータ管理が可能です。

◎ 配列とは

● 配列を使わないプログラム（従来のプログラム）

今まで、多くの変数を宣言し代入や参照をしてきました。プログラム中で複数の変数を宣言しても、それぞれが独立した変数であって相互の関連性はありませんでした。そのサンプルとして、「5つの変数に設定してある数値の表示と合計を求める」プログラムを作ります。プロジェクト管理用のフォルダー「Chapter07」を作成し、プロジェクト「NotUseArray」とソースファイル「NotUseArray.c」を作成してください（リスト7-1）。

リスト7-1 NotUseArray.c

```c
#include  <stdio.h>
int main(){
    int val1 = 21 ;
    int val2 = 8 ;
    int val3 = 13 ;
    int val4 = 20 ;
    int val5 = 18 ;
    int total ;
    printf("val1:%d\n", val1) ;
    printf("val2:%d\n", val2) ;
    printf("val3:%d\n", val3) ;
    printf("val4:%d\n", val4) ;
    printf("val5:%d\n", val5) ;
```

❶（int val1〜int val5）
❷（printf val3〜val5）

```
    total = val1 + val2 + val3 + val4 + val5 ;    ……❸
    printf("合計は%dです。¥n", total) ;
    return 0 ;
}
```

コンパイルエラーがなければ、実行してください。実行結果は次のとおりです（図7-1）。

図7-1 **NotUseArray.c の実行結果**

```
val1:21
val2:8
val3:13
val4:20
val5:18
合計は80です。
```

リスト7-1について説明をします。

❶変数宣言と初期設定です。一見、変数名に連番を振っているので関連性があるように思いますが、そうではありません。次はval1 〜 val5 のメモリレイアウトのイメージ図です（図7-2）。ここで気付いてほしいのは、「それぞれの変数の配置が連続していない」ことです。

図7-2 **メモリレイアウト**

❷各変数の表示です。コードを見ると「ループ処理で書けないかな？」と思うかもしれませんが、それは不可能です。理由は「それぞれが独立した変数だから」です。
❸val1〜val5の合計処理です。❷の理由によりこのようなコードになります、変数の増減があるとコードの変更も必要になります。

配列を使ったプログラム

従来の方式ではデータ構造に限りがあるため柔軟なプログラムは作成できません。そこで、新たなデータ構造として、「配列」を使います。

配列は、同一のデータ型を連続して複数まとめて並べたもので、異なる型のデータを混在することはできません。

配列全体を示す**配列名**と**インデックス（添え字）**と呼ばれる番号によって、配列にある複数データから希望のデータを参照できます。配列内の各データを「**配列の要素（element）**」といいます（図7-3）。

図7-3 配列とは

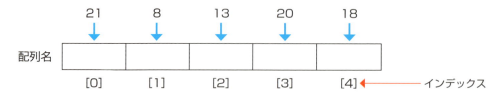

配列にとって、

- 配列全体を示す配列名
- 配列の要素を指すインデックス

が重要な項目です。

POINT

データ構造とは、データをさまざまな形態で扱う仕組みです。どのようなデータ構造を使うかで大きくプログラムのコードにも影響を与えるので十分検討するようにしましょう。

SECTION 02 配列の基本操作

前SECTIONで、配列の概要とメリットを感じられたと思います。プログラムでは、コードの制御文とデータ構造で決まります。ここでは、基本的な使い方である配列の宣言、要素の代入・参照を説明します。

◎ 配列の宣言と代入

◉ 配列の宣言

配列を利用するには、従来の変数と同様に宣言が必要です。以下のように記述します。

> **書式** データ型　　配列名[要素数];
>
> **概要** データ型は、配列の型（要素の型）を指定します。要素数は、配列に入れられるデータ（要素）の数を指定します。

◉ 要素の代入と参照

配列への要素の代入、代入された要素の参照については以下のように記述します。

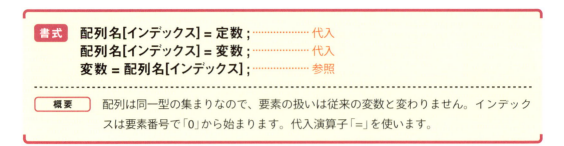

リスト7-1を配列を使って書き換えます。プロジェクト「UseArray」とソースファイル「UseArray.c」を作成してください（リスト7-2）。

リスト7-2 ▶ UseArray.c

```
#include <stdio.h>
int main() {
    int total;
    int values[5] ;                                              ❶
    values[0] = 21;
    values[1] = 8;
    values[2] = 13;                                              ❷
    values[3] = 20;
    values[4] = 18;
    printf("val1:%d\n", values[0]);
    printf("val2:%d\n", values[1]);
    printf("val3:%d\n", values[2]);                              ❸
    printf("val4:%d\n", values[3]);
    printf("val5:%d\n", values[4]);
    total = values[0] + values[1] + values[2] + values[3] + values[4];   ❹
    printf("合計は%dです。\n", total);
    return 0;
}
```

コンパイルエラーがなければ、実行してください。実行結果は図7-1と同じです。

リスト7-2について説明をします。

❶配列名valuesで要素数5のint型配列の宣言です。… int values[5] ;

❷配列の要素にint型数値を順に代入しています。

　　values[0] = 21;　………　配列valuesの先頭要素（インデックス0）に整数値21を代入
　　values[1] = 8;　 ………　配列valuesの2番目要素（インデックス1）に整数値8を代入
　　　　　　：
　　values[4] = 18;　………　配列valuesの5番目要素（インデックス4）に整数値18を代入
　　※インデックスは 0～4の範囲です。インデックスの最大値（4）は「要素数-1」です。

❸❹配列の「要素を表示」や「要素の合計」をしています。この2項目は要素の増加を考えるとループ処理で書き換えるべきでしょう。リスト7-4を参照してください。

プログラムでは、順序を示す番号は0から始まることが多いですが、日常では1から始まるのが一般的です。この違いが配列操作でたびたび論理エラーを引き起こします。十分注意しましょう。

◎ 配列の宣言と初期設定

配列の宣言時にすべての要素を示して、一度に初期化することもできます。

> **書式** データ型　　配列名[] = { 値1, 値2, 値3, … };
>
> **概要** データ型は、配列の型（要素の型）を指定します。{}内に値を「,」で区切って列挙します。これにより要素数を示す必要はありません、列挙した数だけ自動的に確保されます。

リスト7-2の、配列の宣言と代入のコード部を書き換えます。

＜配列の宣言と代入＞

```
int values[5] ;
values[0] = 21;
values[1] = 8;
values[2] = 13;
values[3] = 20;
values[4] = 18;
```

＜配列の宣言と初期設定＞

```
int values[] = {21, 8, 13, 20, 18} ;
```

◉ 配列要素数の取得とインデックスの扱い

配列の要素数は、宣言では「要素数」を書き、初期設定では列挙した数だけ自動的に確保されます。要素の代入・参照にはインデックスが使われ、その最大値は「要素数-1」です。

もし、配列の要素数が変更になるとプログラムも変更になります。その配列を使った処理が複数あるとしたら、修正漏れがあったりして思わぬエラーが出たりします。

次のセクションからはループ構文を使って要素を処理します、そのためにも要素数が必要です。

配列の要素数を求める方法を説明します。プロジェクト「ArrayLength」とソースファイル「ArrayLength.c」を作成してください（リスト7-3）。

リスト7-3 ArrayLength.c

```c
#include <stdio.h>
int main() {
    int values[] = { 21, 8, 13, 20, 18 };
    int elementCount;
    int valuesSize, intSize;
    valuesSize = sizeof(values);         ❶
    intSize = sizeof(int);               ❷
    elementCount = valuesSize / intSize; ❸
    printf("配列のサイズ:%d\n", valuesSize);
    printf("int型のサイズ:%d\n", intSize);
    printf("要素数:%d\n", elementCount);
    return 0;
}
```

コンパイルエラーがなければ、実行してください。実行結果は次のとおりです（図7-4）。

図7-4 ArrayLength.c の実行結果

```
配列のサイズ:20
int型のサイズ:4
要素数:5
```

リスト7-3にある「sizeof 演算子」を説明します。ここでは、「配列」や「要素の型」のサイズ（メモリに割り当てられた領域のバイト数）を求める演算子です。得られるサイズは、実習環境やコンピュータによって異なることがあります（図7-5）。

図7-5 配列や要素の型のサイズ

❶ 配列valuse全体のサイズ（バイト数）を求めています。
❷ 配列の要素の型（int）のサイズ（バイト数）を求めています。

```
intSize = sizeof(values[0]);  …… values[0]のように要素を指定してもよい
```

❸ 配列values全体のサイズを要素の型（int）のサイズで割って要素数を求めました。

```
20バイト ／ 4バイト  で要素数は 5 です。
```

● インデックスの範囲

図7-5からもわかるようにインデックスの範囲は「0～4」です。これを要素数で表すと「0～＜要素数-1＞」となります。インデックスは変数で管理され、特にループ処理では更新しながら要素の参照が進められるので注意が必要です。プログラムの開発中には、コーディングミスなどでインデックスの範囲以外を参照することがあります、どのような動きになるのか確認します。プロジェクト「ArrayException」とソースファイル「ArrayException.c」を作成してください（リスト7-4）。

リスト7-4 ArrayException.c

```c
#include <stdio.h>
int main() {
    int values[5] ;
    values[4] = 18;
    values[5] = 99;                          ❶
    printf("val5:%d\n", values[4]);
    printf("val6:%d\n", values[5]);          ❷
    return 0;
}
```

コンパイルエラーがなければ、実行してください。結果はどうですか？（図7-6）

図7-6 ランタイムエラー

❶ values[5] = 99 で発生した「Run Time Error」です。

```
variable 'values' was corrupted
```
「変数（配列）'values'を破壊している」

配列名'values'を超える要素への代入・参照で配列のオーバーランエラーです（図7-7）。

❷ printf("val6:%d¥n", values[5]);　では「Run Time Error」表示されません。
「val6:99」が表示されましたが、値は動作環境によって異なると思われます。本来は「Run Time Error」と思われますが実習環境で異なります。

図7-7 配列や要素の型のサイズ

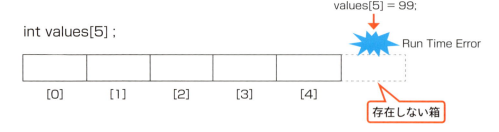

　int values[5] の宣言は、5個の要素を持つ配列です。要素 values[5] は存在しない箱に代入または参照しているのですが、コンパイルエラーにはなりません。実行して初めて「Run Time Error」や「予想もしない結果」となります。バグの原因になりやすいので十分注意しましょう（プログラムのテストは通常データだけでなく、想定以外のデータでもテストするようにしましょう）。

COLUMN | コンパイルエラーと論理エラー

コンパイルエラーは、コンパイル時に発生するもので、コードの記述ミスなどソースコードがC言語の文法と違っているために起こるエラーです。コンパイラーからのエラーメッセージを見て修正しましょう。

コンパイルエラーがなく実行ファイルができたとしても、実行したときに思わぬ動作をすることがあります。これを論理エラーといいます。プログラムの設計やコーディングミスに起因するエラーです。

論理エラーの対処方法には次のようなものがあります。

① printfで変数の値を調べる

プログラムは変数があるからこそ自由度が高い処理が作れます。変数の値を見れば設計とおりに変化しているのかなど、論理的誤りの原因を見つけることが可能です。また、printf()を実行したかで分岐の確認もできます。

②デバッガを使う

バグを見つける補助ツールとしてデバッガがあります。デバッガを使ってソースコードの怪しい箇所を見つけて、修正します。プログラムの一時停止、変数の表示や変更などの機能があります。現状のプログラムは小規模なので①の方法をお勧めします（C言語に慣れましょう）。

SECTION 03 配列のループ処理とサンプルプログラム

前SECTIONでは、配列の基本的な知識や技術などを学習しました。配列の要素は連続して配置されているためループ処理で効率よく操作することができます。このSECTIONでは、ループ処理の事例を挙げて関連知識やポイントなどを説明します。

◎ 配列の要素を表示する

リスト7-2をループ構文で書き換えます。プロジェクト「UseArrayLoop」とソースファイル「UseArrayLoop.c」を作成してください（リスト7-5）。

リスト7-5 UseArrayLoop.c

```c
#include   <stdio.h>
int main() {
    int total;
    int values[] = {21,8,13,20,18};
    int element = sizeof(values) / sizeof( int );

    total = 0;
    for (int i = 0; i < element; i++) {                  ❶
        printf("values[%d]:%d¥n", i+1, values[i]);       ❷
        total += values[i];                              ❸
    }
    printf("合計は%dです。¥n", total);
    return 0;
}
```

コンパイルエラーがなければ、実行してください。実行結果は次のとおりです（図7-8）。

図7-8 ▶ UseArrayLoop.c の実行結果

```
values[0]:21
values[1]:8
values[2]:13
values[3]:20
values[4]:18
合計は80です。
```

リスト7-5について説明をします。

❶ 継続条件判定は「インデックスが要素数未満か？」と指定しています。すべての要素を繰り返すときの基本的なパターンです。

「i < element」の判定 は、インデックスと配列の要素数を表しています。
次のような条件判定を見かけることがあります（決して間違っているわけではありません）。

```
for (int i = 0; i <= element-1 ; i++) {
```

「i <= element-1」の判定は、インデックスの動作範囲を表しています。
どちらがいいか明確な基準はありませんが、リスト7-5の判定「i < element」をお勧めします。
理由として次の2点が挙げられます。

（ⅰ）**要素位置とインデックスには1つのずれがあること。**
（ⅱ）**コードを見たときに、配列の要素数を把握することが容易であること。**

❷ 配列の要素を表示しています。
要素の番号は「i+1」、要素はvalues[i]で参照しています。

❸ 各要素を変数totalに加算して合計を求めています。
```
total += values[i];
```

◎ 要素の入力と最大値を求める

キーボードから各要素に正の整数値を入力した後に、配列の最大値を求めるプログラムです。
プロジェクト「MaxArray」とソースファイル「MaxArray.c」を作成してください（リスト7-6）。

リスト7-6 ▶ MaxArray.c

```c
#include <stdio.h>
int main() {
    int keyTable[5];
    int idx, max;
    int element = sizeof(keyTable) / sizeof(int) ;
    for (idx = 0 ; idx < element; idx++) {
        printf("%d番目のデータ入力-->", idx+1 );
        scanf("%d", &keyTable[idx]);
    }                                                  ❶

    for (idx = 0; idx < element; idx++) {
        printf("keyTable[%d]:%d¥n", idx, keyTable[idx]);
    }                                                  ❷

    max = -1;                                          ❸
    for (idx = 0; idx < element; idx++) {
        if ( max < keyTable[idx] ) {
            max = keyTable[idx];
        }                                              ❹
    }
    printf("最大値:%dです。¥n", max);
}
```

コンパイルエラーがなければ、実行してください。実行結果は次のとおりです（図7-9）。

図7-9 ▶ MaxArray.c の実行結果

```
1番目のデータ入力-->12
2番目のデータ入力-->39
3番目のデータ入力-->34
4番目のデータ入力-->51
5番目のデータ入力-->55
keyTable[0]:12
keyTable[1]:39
keyTable[2]:34
keyTable[3]:51
keyTable[4]:55
最大値:55です。
```

リスト7-6について説明をします。

❶キーボードから正の整数値を入力します。

配列であっても一度に複数の要素の入力はできません。要素1つずつ入力します。そのためにループ処理が必要です（図7-10）。

<一般的な変数の入力>
```
scanf("%d", &変数名);
```
<配列要素の入力>
```
scanf("%d", &配列名[インデックス]);
```

比較しても、従来の変数の入力方法と変わりません。ただ、各要素の「箱」を指定するのでちょっと難しく感じるだけです。配列名[インデックス]は要素の表示でおなじみのコードです。その前に「&」を付けて要素の位置（箱）を表しています。

図7-10 ❶部分のフローチャート

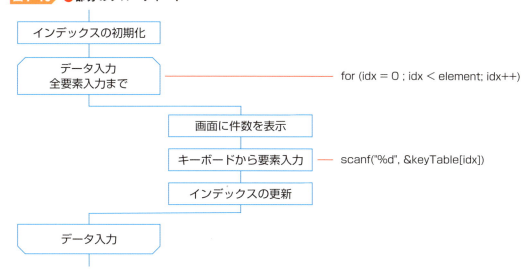

❷入力が正しくできているか確認のため表示しています。

❸変数maxに最大値を求める準備で、「仮の最大値」を初期設定しています。最大値を求めるときは、プログラムで想定している一番小さい値「0」よりもっと小さな値「仮に-1」を設定しています。条件では正の整数値なので「-1」としています。

❹配列をループしながら最大値を求めています。仮の最大値（max）と配列の要素とを比較して、要素のほうが大きければその要素を新たな仮の最大値とします。それを全要素分繰り返しながら仮の最大値を更新します。ループ処理が終了した時点の仮の最大値が求める最大値となります。

このように最大値がいつ現れるかわからないので逐次、最大値を更新しながら全要素をチェックします（図7-11）。

図7-11 ❸❹部分のフローチャート

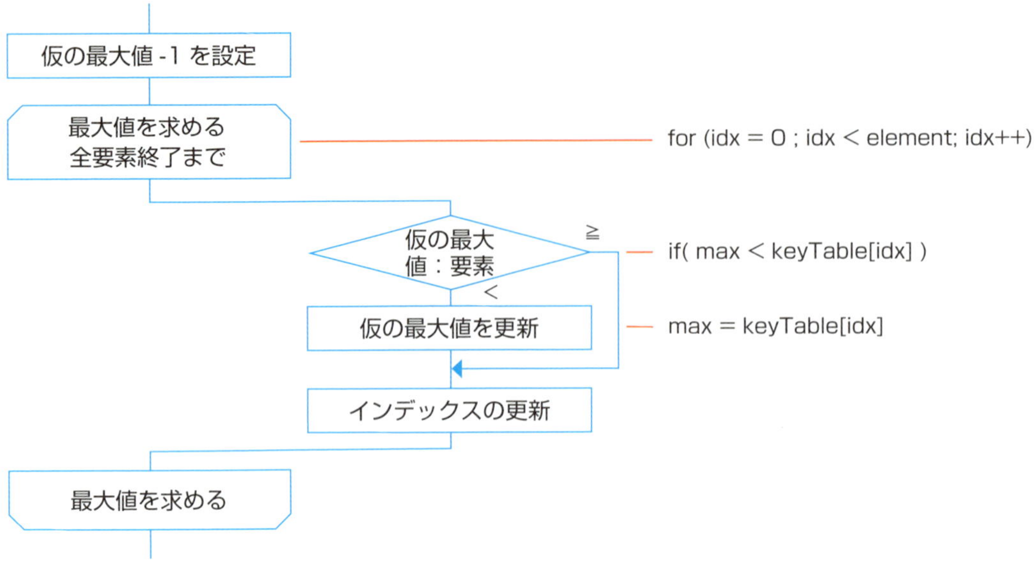

```
仮の最大値 -1 を設定
   ↓
最大値を求める          ── for (idx = 0 ; idx < element; idx++)
全要素終了まで
   ↓
   仮の最大値：要素   ≧
                       ── if( max < keyTable[idx] )
          <
   仮の最大値を更新      ── max = keyTable[idx]
   ↓
インデックスの更新
   ↓
最大値を求める
```

POINT

一般的な考え方として、「配列から何か抽出するときは、「仮の××」を更新しながら処理を進める」ことになります。コンピュータは人間のように一度に3個以上のデータ判定はできません。あくまでも2つのデータの比較なのでこのような方法となります。

COLUMN 「最大値を求める」もう1つの方法

リスト7-6では「正の整数値」の最大値なので、「仮の最大値」の初期値として「-1」を設定していました。負数や入力数値の範囲も決まっていないとき、どのようにするのかを説明します。

＜対処法＞
リスト7-6の最大値を抽出するコードを次のように書き換えます。

①配列の最初の数値を「仮の最大値」とします。
②ループ処理は配列の2番目（インデックスは1）から開始します。

```
max = keyTable[0] ;                        ❶仮の最大値として設定する
for (idx = 1; idx < element; idx++) {      ❷インデックスは1から
    if ( max < keyTable[idx] ) {
        max = keyTable[idx] ;
    }
}
printf("最大値:%dです。¥n", max);
```

これで数値の範囲を気にせずプログラミングできます。
また、最小値についても同様です。
（例）変数 min を「仮の最小値」とする。

```
max = min = keyTable[0] ;    配列の最初の数値を「仮の最大値」「仮の最小値」とする
```

◎ サイコロの目の出現回数を集計する

　CHAPTER 6で説明しました「サイコロの目」の出現回数を集計して、それぞれの目の出現する確率を表示するプログラムです。乱数は1から6までの数字が不規則かつ同じ確率で現れるようなので確認しましょう。ただし、このサンプルはデータの集計が目的なので出現確率は参考程度にしましょう。プロジェクト「DiceCollect」とソースファイル「DiceCollect.c」を作成してください（リスト7-7）。

リスト7-7 DiceCollect.c

```c
#include <stdio.h>
#include <stdlib.h>
#include <time.h>
int main(){
    int count, dice ;
    int maxCount = 600;                                 ❶
    int collect[] = {0,0,0,0,0,0};                      ❷

    srand((unsigned int)time(NULL));
    for ( count = 0 ; count < maxCount ; count++ ) {
        dice = rand() % 6 ;
        collect[dice]++ ;                               ❸
    }

    for (dice = 0; dice < 6 ; dice++) {
        printf("%dの目：%d回¥n", dice+1, collect[dice]); ❹
    }

    for (dice = 0; dice < 6 ; dice++) {
        double probabl= (double)collect[dice] / maxCount ;
        printf("%dの目：%lf%%¥n", dice+1, probabl*100);  ❺
    }
    return 0;
}
```

コンパイルエラーがなければ、実行してください。乱数を使っているので毎回結果が変わってきます。何度か試した一例を掲載しました（図7-12）。

図7-12 DiceCollect.c の実行結果

```
1の目：110回
2の目：95回
3の目：102回
4の目：98回
5の目：97回
6の目：98回
1の目：18.333333%
2の目：15.833333%
3の目：17.000000%
4の目：16.333333%
5の目：16.166667%
6の目：16.333333%
```

リスト7-7について説明をします。

❶サイコロの振る回数を600回と設定しています。もし、最大回数を変更するときはこの値を変更してください。

❷サイコロの目を集計する配列です。1～6の目の要素をすべて0に初期化しています（図7-13）。

図7-13 サイコロの目を集計する配列

	[0]	[1]	[2]	[3]	[4]	[5]
	0	0	0	0	0	0
サイコロの目	1	2	3	4	5	6

❸サイコロを振っています。

```
dice = rand() % 6 ;
```

変数diceは0～5のいずれかが設定されます。サイコロの目（1～6）に対応する配列のインデックスと見ることができます。

```
collect[dice]++ ;
```

diceに対応するサイコロの目の集計値をインクリメントします。もし、diceが「2」ならサイコロの目「3」の集計値が更新（0→1）されます（図7-14）。

図7-14 サイコロの目を集計する配列

	[0]	[1]	[2]	[3]	[4]	[5]
	0	0	0→1	0	0	0
サイコロの目	1	2	3	4	5	6

❹サイコロの目の集計値を表示しています。おなじみのコードなので説明は省略します。

❺サイコロの目の出現確率を表示しています。

集計値やサイコロを振る最大回数ともint型なので実数型にキャスト変換して小数点以下を計算しています。表示の書式仕様は「%lf」で出現確率を、「%%」で％を表示しています。

◎ 配列の要素を複写する

複数の配列を取り扱うプログラムを説明します。配列scoreAry[]に試験の点数が設定されています。80点以上の高得点を設定する配列select80Ary[]にコピーするプログラムです。プロジェクト「ArrayCopy」とソースファイル「ArrayCopy.c」を作成してください（リスト7-8）。

リスト7-8 ArrayCopy.c

```c
#include <stdio.h>
#include <stdlib.h>
#include <time.h>
int main(){
    int score;
    int scoreAry[40], scoreIdx ;
    int select80Ary[40], selectIdx ;
    int tableSize = sizeof(scoreAry) / sizeof(int);

    srand((unsigned int)time(NULL));
    for (scoreIdx = 0; scoreIdx < tableSize ; scoreIdx++) {
        score = rand() % 100 + 1;
        scoreAry[scoreIdx] = score;
    }

    for (scoreIdx = 0; scoreIdx < tableSize; scoreIdx++) {
        printf("%4d", scoreAry[scoreIdx]);
        if ( (scoreIdx%10) == 9 ) {
            printf("\n");
        }
    }
    printf("\n");

    selectIdx = 0;
    for (scoreIdx = 0; scoreIdx < tableSize; scoreIdx++) {
        if (scoreAry[scoreIdx] >= 80) {
            select80Ary[selectIdx] = scoreAry[scoreIdx];
            selectIdx++;
        }
    }

    printf("高得点の件数:%d\n",  selectIdx);
    for (int i = 0; i < selectIdx; i++) {
        printf("select80Ary[%d]:%d\n",  i, select80Ary[i]);
    }
    return 0;
}
```

❶ ❷ ❸ ❹ ❺

SECTION 03 配列のループ処理とサンプルプログラム

コンパイルエラーがなければ、実行してください。実行結果は、乱数を使っているので毎回結果が変わります、一例を次に掲載します（図7-15）。

図7-15 ArrayCopy.c の実行結果

```
 46  69  91  48  76  74  29  56  79  28
 40  74  35  71  90  75  21  82  41 100
 78  67  93  28  63  82  68   1  39  81
 45  33   6  19  12  70  94  65  15  11

高得点の件数:8
select80Ary[0]:91
select80Ary[1]:90
select80Ary[2]:82
select80Ary[3]:100
select80Ary[4]:93
select80Ary[5]:82
select80Ary[6]:81
select80Ary[7]:94
```

リスト7-8について説明をします。

❶ 変数、配列の用途を説明します。

scoreAry[40]	乱数で発生した点数を格納する配列です。
scoreIdx	配列scoreAry[40]を操作するインデックスです。
select80Ary[40]	80点以上の点数を設定する高得点配列です。
selectIdx	配列select80Ary[40]を操作するインデックスです。
tableSize	配列の要素数40をsizeof演算子で計算しています。
score	乱数で発生した試験の点数を入れています。

❷ 乱数で試験の点数を発生させて、scoreAry[40]に格納しています。

点数の範囲は　　score = rand() % 100 + 1;　　なので「1から100」です。

❸ 試験点数を確認するための表示です。点数は4桁で、1行に10個の点数を表示して、全部で4行です。

```
    printf("%4d", scoreAry[scoreIdx]);  ……… 点数は4桁で表示
    if ( (scoreIdx%10) == 9 ) {          ……… 1行に10個の点数を表示したか？
        printf("\n");                     ……… 改行して次の行へ
    }
```

❹80点以上の点数をselect80Ary[40]の先頭から順にコピーしています（図7-16）。

図7-16 サイコロの目を集計する配列

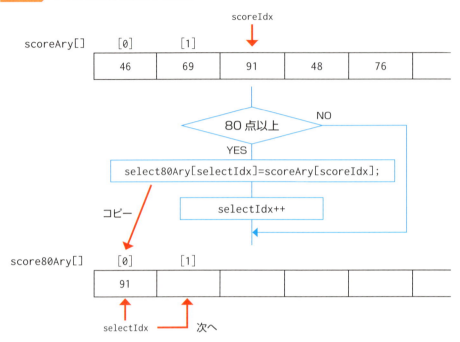

点数scoreAry[scoreIdx]が80点以上なら、高得点配列select80Ary[selectIdx]に点数をコピーし、インデックスselectIdxは次へ（+1）と更新する。この処理を試験の点数分繰り返します。

ループ処理終了時でselectIdxには高得点配列に設定した件数が設定されています。

現在のコードは、インクリメント演算子（++）を後置型で記述して1行にまとめることもできます。

◆現在のコード
```
select80Ary[selectIdx]=scoreAry[scoreIdx];
selectIdx++;
```

◆変更後のコード
```
select80Ary[selectIdx++]=scoreAry[scoreIdx];
```

ちなみに、インクリメント演算子を前置型にすると、先にインデックスを「++」した後にデータを設定するので結果が変わってしまいます。注意しましょう。

（誤）`select80Ary[++selectIdx]=scoreAry[scoreIdx];`

❺高得点件数と高得点を表示しています。配列select80Ary[]の要素数は40ですが、高得点件数は変数selectIdxに設定されているのでその件数分を表示します。

◎ 配列の要素を交換する

　配列の要素を交換するプログラムを説明します。文字型配列message[]にメッセージが設定されています。ループ処理で、先頭の要素と最後尾の要素を交換しながら全要素を交換するプログラムです。プロジェクト「ArraySwap」とソースファイル「ArraySwap.c」を作成してください（リスト7-9）。

リスト7-9　ArraySwap.c

```c
#include <stdio.h>
int main(){
    int index, work;
    int topIdx, tailIdx;
    char message[] = {'y','a', 'd', 'h', 't', 'r', 'i', 'B', ' ',
    'y', 'p', 'p', 'a', 'h' };                                      ❶
    int mesSize = sizeof(message) / sizeof(char);

    printf("交換前:");
    for (index = 0 ; index < mesSize ; index++ ) {                  ❷
        printf("%c", message[index]);
    }
    printf("\n");

    topIdx = 0;
    tailIdx = mesSize-1;
    while (topIdx < tailIdx) {
        work = message[topIdx];
        message[topIdx] = message[tailIdx];                         ❸
        message[tailIdx] = work;
        topIdx++;
        tailIdx--;
    }

    printf("交換後:");
    for (index = 0; index < mesSize; index++) {
        printf("%c", message[index]);                               ❹
    }
    printf("\n");
    return 0;
}
```

　コンパイルエラーがなければ、実行してください。実行結果は次のとおりです（図7-17）。

図7-17 ArraySwap.c の実行結果

```
交換前:yadhtriB yppah
交換後:happy Birthday
```

❶変数、配列の用途を説明します。

topIdx	配列messageを操作するインデックスで、左端の交換要素の位置を示しています。
tailIdx	配列messageを操作するインデックスで、右端の交換要素の位置を示しています。
index	配列messageの表示用インデックスです。
work	要素交換用の作業用変数です。
mesSize	配列messageの要素数を設定します。
message[]	文字型配列で交換するメッセージが初期設定されています。

```
mesSize = sizeof(message) / sizeof(char);    ……………  mesSize は14です
```

配列messageの内容は次のとおりです（図7-18）。

図7-18 配列message

配列message	[0]	[1]	[2]	[3]	[4]	[5]	[6]	[7]	[8]	[9]	[10]	[11]	[12]	[13]
	y	a	d	h	t	r	i	B	△	y	p	p	a	h

△はスペースコードです。

❷交換前の配列messageの要素を1文字ずつ表示します。
書式指定は「"%c"」で、すべての要素を表示した後に改行します。

❸topIdxとtailIdxが指している配列messageの要素を交換、topIdxとtailIdxを更新しながら交換処理を繰り返します。必要なポイントを説明します。

要素交換の継続条件の判定

配列のループ処理の継続条件は、「全要素の終了」「配列に設定した要素数」での条件判定でした。ここでは2つのインデックスの大小判定で行います（今までの手法でも可能ですが新しい手法にチャレンジしましょう）。

配列の要素数が偶数・奇数によって若干違うので説明します。なお説明の関係で配列の要素数を少なくしています。

図7-19を参照してください。

（ⅰ）topIdxは「0」、tailIdxは「最終要素位置」に設定します。

（ⅱ）（ⅰ）では topIdx＜tailIdx の関係なので交換処理をします。

❶と❷はこの条件を満たしているので交換処理をします（交換処理は後述します）。

（ⅲ）交換処理が終了すると、交換処理の範囲を狭めるためにインデックスを更新（topIdxは「+1」、tailIdxは「-1」）します。

（ⅳ）交換処理の終了（❸）の判定です。要素数が偶数のときはtopIdx＞tailIdx、奇数のときは topIdx＝tailIdx なので、プログラムとしてはtopIdx≧tailIdxで終了判定とします。

図7-19 要素数が偶数の場合と奇数の場合

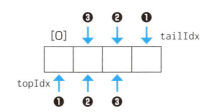
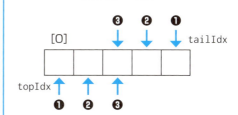

❶❷：交換処理をしました。 topIdx < tailIdx
❸　：交換処理はしません。 topIdx > tailIdx

❶❷：交換処理をしました。 topIdx < tailIdx
❸　：交換処理はしません。 topIdx = tailIdx

　交換処理の継続条件は、インデックスtopIdxとtailIdxが、topIdx<tailIdxの関係が成り立つときです。

要素の交換方法

予備知識として、変数vaと変数vbの交換を見てみましょう（図7-20）。

図7-20 変数の交換

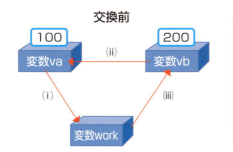

＜交換前＞の図では、vaには100、vbには200という値が入っています。作業用の変数workを使って(ⅰ)→(ⅱ)→(ⅲ)の順に代入処理を行うと、＜交換後＞の図のようになり交換ができました。コードで書くと次のようになります。

```
int va = 100 ;
int vb = 200 ;
int work ;
work = va ; ……（ⅰ）
va = vb ; ………（ⅱ）
vb = work ; ……（ⅲ）
```

ここでは配列要素の交換です。要素の交換は1つずつしかできません。図7-20のva、vbの部分を配列名[インデックス]で置き換えてください。

図7-21 交換要素の指定

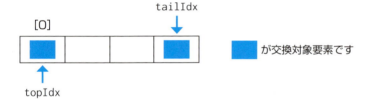

要素交換のループ処理の説明

初期設定処理、更新処理が複数あるのでwhile文を使っています。

```
topIdx = 0;
tailIdx = mesSize-1;
```

インデックスの初期値で、topIdxは最左端、tailIdxは最右端の位置を指しています。

```
while (topIdx < tailIdx)
```

図7-19でわかるように、交換処理を行う範囲がある間はループ処理を繰り返します。

```
work = message[topIdx];
message[topIdx] = message[tailIdx];
message[tailIdx] = work;
```

インデックスで指定した要素の交換です。図7-20、図7-21を参照してください。

```
topIdx++;
tailIdx--;
```

要素の交換を行う範囲が狭くなるように更新しています。

交換後の配列messageの要素を1文字ずつ表示します。

POINT

配列の「要素の探索処理」や「昇順・降順の並び替え処理」では、要素数などの継続条件判定だけでは無理が出てきます。インデックスの大小関係を使って処理範囲を操作する手法も有効なので説明しました。

◆◆◆

　配列の基本的な使い方やCHAPTER 6のループ構文との組み合わせによって、大量のデータをまとめて処理する方法を学習しました。変数だけでは考えられないほど処理効率が向上して、プログラミングもすっきりしました。次のCHAPTERでは、「文字列」について学習します。

COLUMN　2次元配列の基本的な操作方法

今まで1次元配列について学習してきました。行列や表のようなデータの配置を扱う2次元配列を簡単に説明します。

①配列の宣言と初期設定
　　データ型　配列名[行の数][列の数];

```
int twoDimensioArray[][] = {
    {1,2,3,4}, {5,6,7,8}, {9,-10,11,12}  } ;
```

	列 →			
	0	1	2	3
行 0	1	2	3	4
1	5	6	7	8
2	9	-10	11	12

②要素の参照と代入
　　　配列名[行インデックス][列インデックス]　　の書式で配列の要素を参照・代入します。

```
int   data = twoDimensioArray[1][2] ;   ……… 変数dataに7が代入されます
twoDimensioArray[2][1] = 10 ;           ………… 上記図の-10が10に上書きされます
```

③配列の要素を表示

```
#include <stdio.h>
    int twoDimensioArray[][] = {
        {1,2,3,4}, {5,6,7,8}, {9,-10,11,12}  } ;

    twoDimensioArray[2][1] = 10 ;   ………… 要素-10を10に変更

    int line, column ;   ……………………………… line: 行インデックス　column: 列インデックス
    for( line = 0 ; line < 3 ; line++  ){
        for( column = 0 ; column < 4 ; column++ ){
            printf("%4d", twoDimensioArray[line][column] ) ;
        }
        printf("\n") ;
    }
}
```

<実行結果>
```
    1   2   3   4
    5   6   7   8
    9  10  11  12
```

CHAPTER

8

文字列とループ処理

01 文字列とは
02 文字列の入力と画面表示
03 文字列のサンプルプログラム
04 文字列の標準関数

SECTION 01 文字列とは

前章では、配列の基本的な操作方法とループ構文を使用した活用法などについて学習しました。ここまでは整数を変数・配列で扱う説明が多かったのですが、文字も重要な情報なので効率よく操作しなくてはいけません。このCHAPTERでは、文字列の取り扱い方法を説明します。

◎ 文字型配列との違い

　文字列とは、「複数連続して並べた文字の羅列」をいいます。CHAPTER 7の「文字型配列と同じなのかな？」と思いますが、どうでしょうか。C言語には文字列型という型は定義されていません。文字列は「文字型の配列」で表されるのに加えて「文字列の終端文字としてヌル文字（'¥0'）を付ける」ことで文字型配列と切り分けています（図8-1）。

図8-1 文字列と文字型配列

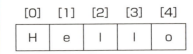

　終端文字'¥0'はエスケープシーケンスの一種で、数値の「0」を表します。プログラムでは「'¥0'」と記述します。文字コードには使われない「0」を付けることで文字列として管理しています。もし、このヌル文字（'¥0'）を付け忘れたり、間違って破壊したりすると、思わぬエラーが起こるので十分注意しましょう。

SECTION 01 文字列とは

◎ 文字列の宣言と初期設定

文字型配列を使って「文字列」を定義します。

● 文字型配列の初期化

文字型配列を宣言し、初期値を列挙することで初期化ができます。初期値の最後に「ヌル文字（'¥0'）」を付けていることが特徴です。

```
char greeting[] = {'H', 'e', 'l', 'l', 'o', '¥0'};
```

これと同じことを、文字列リテラルを用いると簡潔に記述ができます。

```
char greeting[] = "Hello";
```

[]の中の要素数が省略されているので、初期値の文字列の長さによって適切なメモリサイズが確保されます。「ヌル文字（'¥0'）」は、自動的に文字列の最後に付加されるので記述する必要はありません。

◎ 配列のサイズと文字列の長さについて

配列のサイズより文字列の長さが少なくてもいいのですが、残りの要素は初期化されません。文字列としては終端のヌル文字までで、以降は認識されません（図8-2）。

```
char greeting [10] = "Hello";
```

図8-2 配列のサイズと文字列の長さ

配列のサイズが文字列の長さより小さい場合はどうでしょうか？

```
char alphabet[10] = "abcdefghijklmnopqrstuvwxyz";
```

これをコンパイルすると、

「………¥stringcheck1.c(4): warning C4045: 'alphabet': 指定された配列には、初期化子が多すぎます。」

といったwarningが出ます。警告を越えたエラーなので修正しましょう。
要素数を省略した記述がいいでしょう。

```
char alphabet[] = "abcdefghijklmnopqrstuvwxyz";
```

SECTION 02 文字列の入力と画面表示

前SECTIONで文字型配列と文字列の違いや、文字列の基本的な構成などについて学習しました。ここでは文字列の要素の参照、ループ処理の継続条件、キーボードからの文字列入力と画面表示についても説明します。

◎ 文字列の要素を参照

文字列として初期設定された要素を1文字ずつ表示するプログラムです。文字列の終端判定に注目してください。プロジェクト管理用のフォルダー「Chapter08」を作成し、プロジェクト「StringDisp」とソースファイル「StringDisp.c」を作成してください（リスト8-1）。

リスト8-1 StringDisp.c

```
#include <stdio.h>
int    main() {
    char alphabet[] = "abcdefghijklmnopqrstuvwxyz";    ……❶

    int size = sizeof(alphabet) / sizeof(char);    ……❷
    printf("alphabet[]のサイズ:%d¥n", size);

    for (int idx = 0 ; alphabet[idx] != '¥0' ; idx++ ) {    ……❸
        printf( "%c", alphabet[idx] );
    }
    printf("¥n");
    return 0;
}
```

コンパイルエラーがなければ、実行してください。実行結果は次のとおりです（図8-3）。

図8-3 StringDisp.c の実行結果

```
alphabet[]のサイズ:27
abcdefghijklmnopqrstuvwxyz
```

リスト8-1について説明をします。

❶ 文字列alphabetの初期設定です。

配列の終端にはヌル文字が自動的に設定されています（図8-4）。

図8-4 初期設定

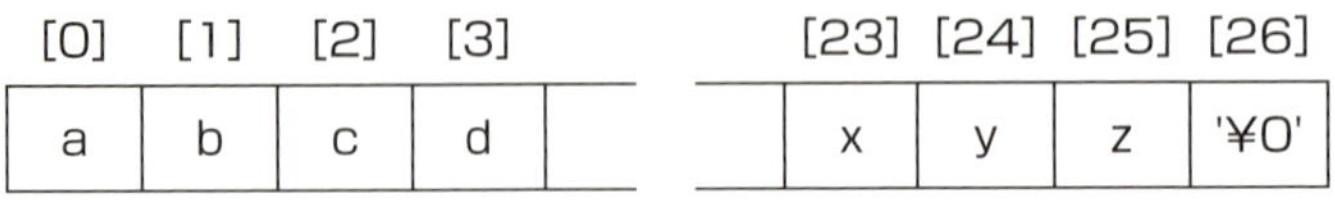

[0]	[1]	[2]	[3]	…	[23]	[24]	[25]	[26]
a	b	c	d		x	y	z	'¥0'

❷ 文字列alphabetの要素数を計算しています。

abcd………xyzは26文字とヌル文字を含めて27です。

❸ ループ構文で文字列alphabetの要素を1文字ずつ表示します。

for文のalphabet[idx] != '¥0'

「要素がヌル文字でない間」が繰り返す条件です。この継続条件が文字列操作の定番です。

◎ 文字列の画面表示

文字列として一度にまとめて表示する方法を説明します。printf()関数を使いますが、書式指定子と引き渡す情報に特徴があります。

```
printf("%s¥n", 配列名);
```

"%s¥n" → 文字列指定
配列名 → 表示する配列名で、配列の先頭位置を表しています

従来のループ構文で文字列の要素を1文字ずつ表示するのに比べると簡潔に記述ができます。

プロジェクト「StringOutput」とソースファイル「StringOutput.c」を作成してください（リスト8-2）。

リスト8-2 StringOutput.c

```c
#include <stdio.h>
int main(){
    char alphabet[27] ;                              ——①
    int idx;
    char setMoji = 'A';                              ——②
    for (idx = 0 ; setMoji <= 'Z' ; idx++ ) {        ——③
        alphabet[idx] = setMoji;                     ——④
        setMoji++;                                   ——⑤
    }
    alphabet[idx] = '¥0' ;                           ——⑥
    printf("編集文字列「%s」です¥n", alphabet);       ——⑦
    return 0;
}
```

コンパイルエラーがなければ、実行してください。実行結果は次のとおりです（図8-5）。

図8-5 StringOutput.c の実行結果

編集文字列「ABCDEFGHIJKLMNOPQRSTUVWXYZ」です

リスト8-2について説明をします。

❶文字列のための配列alphabetの宣言です。

英大文字'A','B','C'……'Z','¥0'の文字列を編集する配列です（図8-6）。

図8-6 文字列alphabet

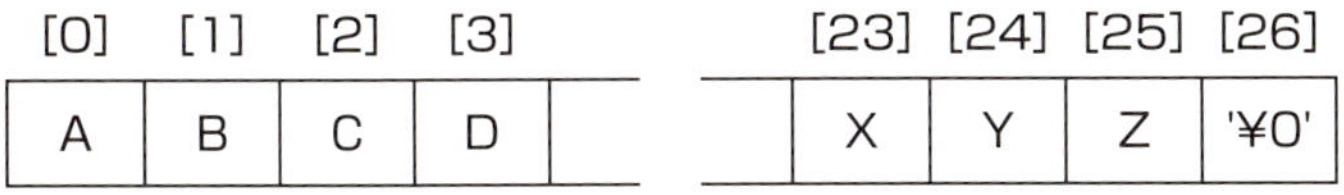

[0]	[1]	[2]	[3]	…	[23]	[24]	[25]	[26]
A	B	C	D		X	Y	Z	'¥0'

❶変数setMojiは'A'で初期化しています。

setMojiは文字型ですが、コンピュータ内部では文字コード表にしたがって、16進数で41（10進数で65）が設定されています。数値なので演算もでき、setMojiは'A'→'B'…'Y'→'Z'と変わっていきます。本章のCOLUMN（「文字コード（UTF-8）について」）を参照してください。

❶変数setMojiが'A'～'Z'までの間ループ処理を繰り返します。

❹❺で配列alphabetは図8-6のように英大文字'A'から順に設定しています。ループ処理の継続条件「setMoji <= 'Z'」のように文字リテラル'Z'を使うと、プログラムも読みやすくなります。

❺ 変数setMojiに設定されている英大文字のコード値をインクリメントして、次の文字コードにしています。

❻ 'A'～'Z'まで設定した配列alphabetを文字列となるようにヌル文字（'¥0'）を付加しています。

❼ 文字列alphabetを文字列形式（%s）の書式仕様で先頭から表示しています。

● ヌル文字（'¥0'）のない文字列

もし、ヌル文字（'¥0'）の編集（付加）がないとどのようになるのでしょうか？ 試してみます。リスト8-2の❻をコメントアウトして実行します（図8-7）。

```
    setMoji++;
}
//    alphabet[idx] = '¥0' ;  ………………… この行をコメントアウト
printf("編集文字列「%s」です¥n", alphabet);
```

図8-7 実行結果

編集文字列「ABCDEFGHIJKLMNOPQRSTUVWXYZﾌﾌﾌﾌﾌﾌﾌ %0 颦x」です

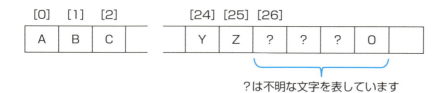

?は不明な文字を表しています

'Z'以降には、文字ではないデータが複数あり。それらの中で数値の「0」をヌル文字と見なして、表示は終了するのでしょう。実行結果の文字化けは、文字コードでないデータを表示しているので実行するごとに異なると思われます。文字列には必ずヌル文字（'¥0'）の編集が必要です。

◎ 文字列のキーボード入力

文字列として一度にまとめてキーボードから入力する方法を説明します。scanf()関数を使いますが、書式指定子と引き渡す情報に特徴があります。

```
scanf("%s", 配列名);
```

- 文字列指定：`"%s"`
- 入力する配列名で、配列の先頭位置を表しています

従来の文字(%c)入力は1文字ごとの入力でしたが、複数文字を一度に文字列形式で入力できます。ヌル文字('¥0')も自動的に付加されます。プロジェクト「StringInput」とソースファイル「StringInput.c」を作成してください（リスト8-3）。

リスト8-3 ▶ StringInput.c

```c
#include <stdio.h>
int  main(){
    char inputBuf[20] ;
    int  idx ;

    printf("文字列を入力 --->") ;
    scanf("%s", inputBuf) ;                              ①
    printf("入力文字列：%s¥n", inputBuf) ;

    for( idx = 0 ; inputBuf[idx] != '¥0' ; idx++ );      ②
    printf("文字長：%d¥n", idx) ;

    return 0 ;
}
```

コンパイルエラーがなければ、実行してください。実行結果は次のとおりです（図8-8）。

図8-8 ▶ StringInput.c の実行結果

```
文字列を入力 --->こんにちは
入力文字列：こんにちは
文字長：10
```

リスト8-3について説明をします。

❶ 文字型配列 inputBuf の先頭から文字列形式で入力しています。
実行結果の「こんにちは」を入力すると、ひらがなは全角文字なので次のように設定されています（図8-9）。

図 8-9 ▶ 文字型配列 inputBuf

0	1	2	3	4	5	6	7	8	9	10
こ	ん	に	ち	は	'¥0'					

❷ 入力した文字列の長さを調べています。継続条件は「ヌル文字（'¥0'）でない間」繰り返します。
ヌル文字を指しているインデックス idx が文字列の長さです。for 文ですが「ちょっとおかしいぞ」「初めて見た」と思われるでしょう。

```
for( idx = 0 ; inputBuf[idx] != '¥0' ; idx++ );
```

ループ処理を定義する {……} がありませんが、あえて挙げればここでの更新処理は「idx++」ぐらいです。よって、「ループブロック {……} はありません」として「;」で終了しています。
なお、while 文に書き換えた場合は、ループブロック {……} は必要です。

```
idx = 0 ;
while( inputBuf[idx] != '¥0' ) {
    idx++ ;  ……………………………… 次の要素へ移動する
}
```

● 文字列入力の注意点

配列で確保した領域よりも大きな文字列が入力されると、配列の領域をオーバーしてしまいます。そうなると、あふれた文字列がメモリ上に定義されている他の変数・配列を破壊して、不具合を起こす可能性があります。十分注意してください。

＜対策＞
・十分な大きさの配列を準備する。
・入力する文字列の長さを指定する。

```
char    strBuffer[10];
scanf("%9s", strBuffer) ;  ……………… 最大9文字の入力で、10文字以降は入力されない
```

COLUMN　文字コード（UTF-8）について

Unicodeはユニコード・コンソーシアムによって作られた文字コードです。日本語、ギリシャ語、ロシア語、韓国語、記号など、世界で使われているすべての文字を共通の文字集合で利用できるように考えられたものです。

UTF-8 コード表（抜粋版）

	0	1	2	3	4	5	6	7	8	9	A	B	C	D	E	F
20		!	"	#	$	%	&	'	(	)	*	+	,	-	.	/
30	0	1	2	3	4	5	6	7	8	9	:	;	<	=	>	?
40	@	A	B	C	D	E	F	G	H	I	J	K	L	M	N	O
50	P	Q	R	S	T	U	V	W	X	Y	Z	[	¥	]	^	_
60	`	a	b	c	d	e	f	g	h	i	j	k	l	m	n	o
70	p	q	r	s	t	u	v	w	x	y	z	{			}	~	DEL

文字はコンピュータ内部では、コード表の値が設定されています。数値なので加算・減算ができ、下記のような変換も可能です。

```
'A'の次は'B'
char moji  = 'A' ;
char mojiB = moji + 1 ;

// mojiBは'B'です
```

```
'A'から25番目は'Z'
char moji  = 'A' ;
char mojiZ = moji + 25;

// mojiZは'Z'です
```

```
大文字から小文字へ変換
char moji  = 'A' ;
char mojia = moji + 32 ;

mojiaは'a'です
```

```
小文字から大文字へ変換
char moji  = 'z' ;
char mojiZ = moji - 32 ;

mojiZは'Z'です
```

SECTION 03 文字列のサンプルプログラム

前SECTIONでは、文字列の基本的な知識を学習しました。文字列は特別なものではなく文字の集合体なので、ループ処理で比較・変換など効率よく操作することができます。このSECTIONでは、文字列が使われている事例を挙げて関連知識やポイントなどを説明します。

◎ 文字列の暗号解読

文字列cipherTextに暗号化された文章が設定されています。暗号文を復号化して解読文章を表示してください。暗号化は要素ごとに行われており、「文字コード」と「インデックスの番号」で暗号化されています（図8-10）。

図8-10 暗号化、復号化の仕組み

インデックスの番号が偶数

インデックスの番号が偶数
暗号化：要素に1を加算
復号化：要素から1を減算

インデックスの番号が奇数

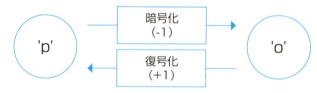

インデックスの番号が奇数
暗号化：要素から1を減算
復号化：要素に1を加算

図は、オリジナル文字（'p'）とインデックス番号による暗号・復号の例です（文字列cipherTextのオリジナル文字列"apple"の'p'を例にしています）。

暗号・復号の例外項目

文字がスペース（' '）ならインデックスが偶数・奇数に関係なく変換はしません。

図8-11 復号化の例

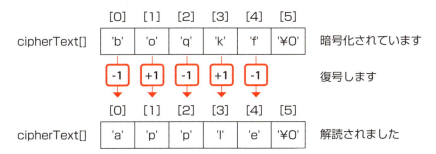

プロジェクト「DecordString」とソースファイル「DecordString.c」を作成してください（リスト8-4）。

リスト8-4 DecordString.c

```c
#include <stdio.h>
int main(){
    char    cipherText[] = "Ugf xdbsids jr ufqz ohdd spcbx";    ❶
    for (int i = 0; cipherText [i] != '\0'; i++) {
        if (cipherText [i] == ' ') {
            continue;
        }
        if ( i % 2 == 0 ) {
            cipherText [i]--;                                    ❷
        }
        else {
            cipherText [i]++;
        }
    }
    printf("解読文章:%s\n", cipherText);                         ❸
    return 0;
}
```

コンパイルエラーがなければ、実行してください。実行結果は次のとおりです（図8-12）。

図8-12　DecordString.cの実行結果

解読文章: The weather is very nice today

リスト8-4について説明をします。

❶文字列cipherTextに暗号化された文章が初期設定されています。
各要素は復号化されて上書きされます。

❷文字列cipherTextの要素ごとに復号化しながら、ヌル文字（'¥0'）でない間、繰り返します。
for文の条件判定などは、おなじみのコードです。復号化の処理です。文字のスペース（' '）判定とインデックス番号によって異なります。フローチャートと説明文を参照ください（図8-13）。

図8-13　復号化の条件判定

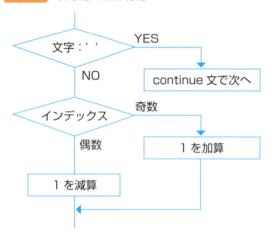

文字がスペース（' '）なら【暗号・復号の例外項目】なのでcontinue文によりfor文の更新処理「i++」へ処理が移ります。

インデックスの番号で復号化が異なります。インデックスの番号が偶数なら1を減算、奇数なら1を加算して復号します。

❸解読された文字列cipherTextを表示します。

◎ 簡易タッチタイピング

タイトルで想像できると思います。文字のコードや文字列を扱う方法を説明します。ランダムに作成した英小文字（'a'〜'z'）からなる文字列を見て、同じ文字を文字列で入力する、文字ごとの判定をして正解または誤り回数を表示するプログラムです。プロジェクト「TouchType」とソースファイル「TouchType.c」を作成してください（リスト8-5）。

SECTION 03 文字列のサンプルプログラム

リスト8-5 TouchType.c

```c
#include <stdio.h>
#include <stdlib.h>
#include <time.h>
int main(){
    char alpha;
    int idx, error = 0;                              ❶
    char testData[51], keyData[51];
    srand((unsigned int)time(NULL));
    for (idx = 0; idx < 10; idx++) {
        alpha = rand() % 26;
        alpha += 'a';                                ❷
        testData[idx] = alpha;
    }
    testData[idx] = '\0';
    printf("タイピングデータ：%s\n", testData);
    printf("入力してください：");                     ❸
    scanf("%s", keyData);
    printf("\n    判定結果：");
    for (idx = 0; idx < 10; idx++) {
        if (testData[idx] == keyData[idx]) {
            printf("%c", keyData[idx]);
        }
        else {                                       ❹
            printf("_");
            error++;
        }
    }
    if (error == 0) {
        printf("\n\n正解です!!\n");
    }
    else {                                           ❺
        printf("\n\n%d文字間違いました\n", error);
    }
    return 0;
}
```

コンパイルエラーがなければ、実行してください。実行結果は次のとおりです（図8-14）。

図8-14 TouchType.c の実行結果

```
タイピングデータ：ptmdsgjcfv        タイピングデータ：zvoylzvtvr
入力してください：ptmdsgjcfv        入力してください：zvpylzbtvr

   判定結果：ptmdsgjcfv               判定結果：zv_ylz_tvr

正解です!!                          2文字間違いました
```

8 文字列とループ処理

リスト8-5について説明をします。

❶ testData[51]はテスト用の文字列を設定する配列です。 keyData[51]はキーボードから文字列を入力する配列です。errorはエラー回数を累計する変数です。
❷ 文字列testDataにテスト用文字を10文字設定し、文字列にしています。

テスト用文字の作成
（ⅰ）乱数で0～25の数値を発生させています。
```
alpha = rand() % 26;
```

（ⅱ）乱数に文字'a'を加えて'a'～'z'を作り出し、テスト用配列に設定します。
```
alpha += 'a';
testData[idx] = alpha;
```

例1 'a' + 0 で 'a'　例2 'a' + 1 で 'b'　例3 'a' + 2 で 'c'　例4 'a' + 25 で 'z'

❸ キーボードから文字列で配列keyDataに入力します。
❹ テスト用文字列testDataとキーボードから入力した文字列keyDataを1文字ずつ比較します。
```
if (testData[idx] == keyData[idx])
```
等しければ、その文字を表示します。異なっていれば、'_'を表示し、エラー回数に1を加算します。

❺ すべての文字をチェックした後、エラー回数を判断してメッセージを表示します。
エラー回数が0なら正しく入力できたので"正解です!!"を表示します。エラー回数が0でなければ、入力ミスのエラー回数を表示します。

◎ CSV形式の文字列を分割する

CSV形式で入力した複数の果物名を「,」で分割して表示するプログラムを説明します。CSV形式とは、「Comma Separated Valueの略で、いくつかの項目をカンマ『,』で区切った文字データ」のことです。プロジェクト「FruitName」とソースファイル「FruitName.c」を作成してください（リスト8-6）。

リスト8-6　FruitName.c
```
#include <stdio.h>
int main(){
```

SECTION 03 文字列のサンプルプログラム

```c
        char fruitStr[100], name[50] ;                    ❶
        int  i, idx ;
        printf("果物名をCSV形式で入力--->") ;
        scanf("%s", fruitStr ) ;                           ❷
        idx = 0 ;                                          ❸
        for(i = 0 ; fruitStr[i] != '\0' ; i++){
            if( fruitStr[i] != ',' ){
                name[idx] = fruitStr[i] ;
                idx++ ;
            }                                              ❹
            else{
                name[idx] = '\0' ;
                printf("%s\n", name) ;
                idx = 0 ;                                  ❸
            }
        }
        name[idx] = '\0' ;
        printf("%s\n", name) ;                             ❺
        return 0 ;
    }
```

コンパイルエラーがなければ、実行してください。実行結果は次のとおりです（図8-15）。

図8-15 ▶ FruitName.c の実行結果

＜果物名を複数入力＞

```
果物名をCSV形式で入力--->りんご,イチゴ,メロン,パイナップル
りんご
イチゴ
メロン
パイナップル
```

＜果物名を1つ入力＞

```
果物名をCSV形式で入力--->さくらんぼ
さくらんぼ
```

リスト8-6について説明をします。

❶ 変数・配列の宣言です。

文字型配列 fruitStr[100]	果物名を CSV 形式で入力する配列です。
変数名 i	配列 fruitStr を参照するインデックスです。
文字型配列 name[50]	CSV形式の果物名から「,」で区切った1つの果物名を設定して表示する配列です。
変数名 idx	配列 name に果物名を代入するインデックスです。

177

❷配列fruitStrに果物名をCSV形式で入力します（図8-16）。

図8-16 配列fruitStr

0	1	2	3	4	5	6	7	8	9	10	11	12	13
り	ん	ご	,	イ	チ	ゴ	,	……		ッ	プ	ル	¥0

❸配列nameに果物名を設定するインデックスを「0」に初期化しています。複数果物名があるデータでは、配列nameは複数使うので表示した後に再び「0」に初期化しています。

❹配列fruitStの要素を1文字ずつ参照して、果物名を文字型配列nameに複写して表示します。
- 要素が果物名なら配列nameに順次複写します。
- 要素が区切り子の','なら、ヌル文字（¥0）を設定します。果物名が文字列として編集できたので表示します。また、次の果物名の複写の準備として再びインデックスidxを「0」に初期化します（図8-17）。

図8-17 配列nameへの複写

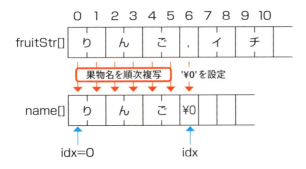

❺for文終了時では下記のような編集状態です。編集中の果物名にヌル文字（¥0）を設定し表示します（図8-18）。

図8-18 for文終了時

SECTION 04 文字列の標準関数

これまでは、文字列の要素の文字をループ処理で操作しました。C言語は文字列を集合体として見立てた、文字列のコピーや比較などの言語機能としては持っていません、システムが提供する標準関数として提供しています。このSECTIONでは、代表的な文字列処理関数の扱い方を説明します。

◎ 文字列処理関数の使い方

文字列の集合体として、比較・コピー・代入・分割などの機能が提供されています。関数の特徴を知って有効に使うことで、コーディングミスも減ってプログラミング効率も向上します。

文字列同士を比較する関数strcmp()を例として使い方を説明します。

書式
```
#include <string.h>
int    strcmp(文字列1, 文字列2);
```

概要　文字列1および文字列2を比較します（この大小関係は辞書順です）。
戻り値は整数（int型）
正の値：引数1が引数2より大きい
0　　　：等しい
負の値：引数1が引数2より小さい

（ⅰ）コンパイルに必要なヘッダファイルをシステムに取り込みます。
```
#include  <string.h>
```

（ⅱ）引数を設定します。引数には「型」が指定されているので十分注意します。
文字列1、文字列2ともに比較する文字列の名前です（文字列の先頭の位置を表しています）。

（ⅲ）比較した結果が戻り値として戻されます。戻り値を変数で受け取り判定・演算に利用します。

文字列比較関数strcmpの簡単なサンプルです。プロジェクト「ExampleStrcmp」とソースファイル「ExampleStrcmp.c」を作成してください（リスト8-7）。

リスト8-7 ExampleStrcmp.c

```
#include <stdio.h>
#include <string.h>
int main(){
    char str1[] = "りんご";
    char str2[] = "りんご";
    char str3[] = "メロン";
    int  result ;                                    ❶
    result = strcmp(str1, str2) ;
    if( result == 0 ){                               ❷
        printf("%sと%sは同じです¥n", str1, str2);
    }
    result = strcmp(str1, str3) ;
    if( result != 0 ){                               ❸
        printf("%sと%sは違います¥n", str1, str3);
    }
    return 0;
}
```

コンパイルエラーがなければ、実行してください。実行結果は次のとおりです（図8-19）。

図8-19 ExampleStrcmp.c の実行結果

```
りんごとりんごは同じです
りんごとメロンは違います
```

リスト8-7について説明をします。

❶変数resultはstrcmp()の戻り値を受け取ります。

❷引数として、str1「りんご」とstr2「りんご」の先頭位置を設定しています。
戻り値はresultに代入されるので、「同じですか？」（result == 0）と条件分岐しています。
（戻り値「0」は、strcmp()が2つの文字列は同じと判断した結果です）

❸引数として、str1「りんご」とstr3「メロン」の先頭位置を設定しています。
戻り値はresultに代入されるので、「違いますか？」（result != 0）と条件分岐しています。
（戻り値「!=0」は、strcmp()が2つの文字列が異なると判断した結果です）

この例のように、「引数の数」、「引数の渡し方（型）」を十分把握して関数を利用し、「戻り値」を受け取って活用していきます。

> **POINT**
>
> 引数とは、関数に処理を依頼するときに、関数へ受け渡すデータのことで、複数指定できます。
> 戻り値とは、関数に処理を依頼した後、関数で処理した結果を呼び出し元へ返す値のことです。

◎ パスワード入力チェック

入力用パスワードと確認用パスワードが一致しているかを判断します、規定回数（2回）間違えたらメッセージを表示して終了します。使用する文字列標準関数はstrcmp()です。プロジェクト「CheckPassword」とソースファイル「CheckPassword.c」を作成してください（リスト8-8）。

リスト8-8 CheckPassword.c

```c
#include <stdio.h>
#include <string.h>
int main(){
    char inputPass[21], checkPass[21];          ❶
    int  errCount = 2;
    int  result;
    while ( errCount > 0 ) {
        printf("      パスワードを入力してください-->");
        scanf("%s", inputPass);
        printf("確認用パスワードを入力してください-->");  ❷
        scanf("%s", checkPass);
        result = strcmp(inputPass, checkPass);
        if (result == 0) {
            break;
        }
        else {
            printf("\nパスワードが一致しません....\n");
            errCount--;                                    ❸
            if (errCount != 0) {
                printf("もう一度入力してください。\n\n");
            }
        }
    }
    if (result == 0) {
        printf("\nパスワードを確認しました。\n");          ❹
    }
}
```

```
        else {
            printf("¥nパスワード入力処理を中止します。¥n");
        }
        return 0;
    }
```

コンパイルエラーがなければ、実行してください。実行結果は次のとおりです（図8-20）。

図8-20 ▶ CheckPassword.c の実行結果

◆パスワードが2回目で一致した例

```
        パスワードを入力してください-->c_book2018
確認用パスワードを入力してください-->c_bok2018

パスワードが一致しません....
もう一度入力してください。

        パスワードを入力してください-->c_book2018
確認用パスワードを入力してください-->c_book2018

パスワードを確認しました。
```

◆パスワードが2回とも間違った例

```
        パスワードを入力してください-->c_book2018
確認用パスワードを入力してください-->c_bok2018

パスワードが一致しません....
もう一度入力してください。

        パスワードを入力してください-->c_book2018
確認用パスワードを入力してください-->c_book218

パスワードが一致しません....

パスワード入力処理を中止します。
```

リスト8-8について説明をします。

❶変数・配列の宣言です。

文字型配列 inputPass[21]	パスワードを入力する配列です。
文字型配列 checkPass [21]	確認用パスワードを入力する配列です。
変数名 errCount	パスワードを比較する回数で初期値は2です。
変数名 result	strcmp関数の戻り値を受け取ります。

❷パスワードおよび確認用パスワードを入力しています。

❸strcmp関数に入力したパスワードと確認用パスワードを引数として処理を依頼し、その戻り値をresultに受け取っています。
戻り値が「==0」なら一致しているので、比較処理ループはbreak文で終了します。
不一致なら"パスワードが一致しません...."のメッセージを表示します。そして、errCountを「-1」して試行回数があれば、"もう一度入力してください。"と表示します。試行回数がなければfor文の継続条件判定で比較処理ループは終了します。

❹strcmp関数の戻り値resultを参照して最終的な判定をしています。表示のメッセージは実行結果を参照してください。

◎ メールアドレスを編集する

電子メールを送受信する際に利用者を特定するためのアドレスを編集します。一般的には「ユーザー名@ドメイン名」という形式で、ユーザー名は個人を特定し、ドメイン名は事業者や国などを表しています。

使用する文字列関数を簡単に説明します。戻り値の「char*」は文字型配列で要素(文字)のある位置を表しているデータ型です。

書式 int　strlen(文字列);

概要 引数の文字列の文字数を戻します。
戻り値は、文字数です。

書式 char*　strcpy (文字列1, 文字列2);

概要 文字列1に文字列2をコピーします。
戻り値は、文字列1の先頭位置です。

> **書式** char*　strcat (文字列1, 文字列2);
>
> **概要** 文字列1の後ろに文字列2を結合します。
> 戻り値は、連結した文字列1の先頭位置です。

POINT

strcpy() と **strcat()** 関数は文字列標準関数として提供されていますが、「**Visual Studio Community**」は推奨していないため、ビルド（コンパイル）で**warning**（警告）が発生します。
CHAPTER 4の「**COLUMN：warning4996の解消法**」を参照してください。**warning**（警告）は出ますがプログラムは正常に動作します。

プロジェクト「EditMailAddress」とソースファイル「EditMailAddress.c」を作成してください（リスト8-9）。

リスト8-9 EditMailAddress.c

```c
#include <stdio.h>
#include <string.h>
int main(){
    char userName[] = "tarou" ;
    char domainName[] = "example.co.jp" ;
    char mailAddress[50];
    int  len;

    strcpy(mailAddress, userName);
    len = strlen(mailAddress);
    mailAddress[len] = '@';
    mailAddress[len+1] = '\0';
    strcat(mailAddress, domainName);
    printf("編集したメールアドレス:%s\n", mailAddress);
    return 0;
}
```

❶ ❷ ❸ ❹ ❺

コンパイルエラーがなければ、実行してください。実行結果は次のとおりです（図8-21）。

図8-21 EditMailAddress.c の実行結果

編集したメールアドレス:tarou@example.co.jp

リスト8-9について説明をします。

❶変数・配列の宣言です。

変数名 len	ユーザー名の長さを設定します。
文字型配列 userName [21]	ユーザー名が初期設定されています。
文字型配列 domainName [21]	ドメイン名が初期設定されています。
文字型配列 mailAddress[50]	メールアドレスを編集する配列です。文字列を結合するので十分な大きさが必要です。mailAddressの初期状態は不定です（図8-22）。

図8-22 配列mailAddressの初期状態

❷strcpy関数でユーザー名userName（ヌル文字も含め）を配列mailAddressの先頭からコピーします（図8-23）。

図8-23 配列mailAddressにuserNameをコピー

t	a	r	o	u	¥0															

❸strlen関数でユーザー名のヌル文字'¥0'の位置を求めて'@'を上書きし再度文字列とします（図8-24）。

図8-24 コピーしたuserNameの末尾に@を追加

t	a	r	o	u	@	¥0														

❹strcat関数でmailAddressにドメイン名domainNameを結合します（図8-25）。

図8-25 domainNameを結合

t	a	r	o	u	@	e	x	a	m	p	l	e	.	c	o	.	j	p	¥0	

❺編集したメールアドレスを先頭から表示します。

　以上で、本書の解説は終了になります。これまでは、C言語の基本的な文法や制御構文などを説明してきました。実務の開発をするにはまだまだ多くの知識の習得が必要になります。本書の内容を理解していただければ、次へのステップアップは十分可能と考えています。本書があなたのITのスキルアップの一助になれば幸いです。

INDEX

索引

■ 記号・数字

'	44
--	60
!=	88
"	44
#include	67
%	57, 72
&	74
&&	96
()	54
/**/	38
//	38
;	35
{}	35
||	98
¥	73
¥0	162
¥n	66
++	60
<	88
<=	88
=	49, 60
==	88
>	88
>=	88
10進数	70
16進数	70
2次元配列	160

■ B

break文	102, 104, 115, 131

■ C

C++	12
case	102
char	49
continue文	124
cpp	29
CSV形式	176
C言語	12

■ D

default	102
double	49
do-while文	126

■ E

else	99
else if	99

■ F

fflush()関数	80, 122
float	49
for文	117

■ G

getchar()関数	122

■ I

if文	86
int	49

■ L

long	49

■ M

main()関数	35

■ P

printf()関数	35, 66, 166
printfの変換指定子	70

■ R

rand()関数	123

INDEX

■ S
scanf()関数 ……………………………… 74, 169
sizeof ………………………………………… 141
srand()関数 ……………………………………… 123
stdio.h ……………………………………… 35, 67
strcat()関数 …………………………………… 184
strcmp()関数 ………………………………… 179
strcpy()関数 ………………………………… 183
string.h ……………………………………… 179
strlen()関数 ………………………………… 183
switch文 ……………………………………… 101

■ U
UTF-8 ………………………………………… 171

■ V
Visual Studio ………………………………… 16

■ W
warning ……………………………………… 75, 81
while文 ……………………………………… 112
Windowsデスクトッププロジェクト ……… 28

■ あ
アドレス演算子 ………………………………… 74
暗号化／復号化 ……………………………… 172
インクリメント演算子 ……… 60, 63, 119
インクルード ……………………………………… 67
インタプリタ方式 …………………………… 14
インデックス ………………………………… 136
インデント ……………………………………… 39
エスケープシーケンス ……………… 73, 162
演算子の優先順位 ……………………………… 64
オブジェクトファイル ……………………… 32

■ か
改行コード ……………………………………… 66
拡張子 …………………………………………… 29
型 ………………………………………………… 44
偽 ………………………………………………… 89
キャスト演算子 ………………………… 54, 63
キャスト変換 …………………………………… 54

区切り文字 ……………………………………… 78
結合規則 ………………………………………… 58
後置型 …………………………………… 61, 111
コーディング …………………………………… 40
コードエディター ……………………………… 30
コメント ………………………………………… 38
コンソール ……………………………………… 34
コンパイル ……………………………………… 40
コンパイルエラー ………………………… 42, 143
コンパイル方式 ………………………………… 14

■ さ
算術演算 ………………………………………… 51
算術演算子 ……………………………………… 63
参照 …………………………………………… 138
シーケンシャル処理 ………………………… 84
システムライブラリ ………………………… 40
実行ファイル ………………………………… 40
実数 ……………………………………………… 55
実数型 …………………………………… 44, 70
終端文字 ……………………………………… 162
順次 ……………………………………………… 84
条件分岐 ……………………………………… 86, 114
剰余演算子 …………………………… 56, 115
書式指定子 …………………………………… 166
真 ………………………………………………… 89
シングルクォーテーション ………………… 44
スコープ ……………………………………… 125
制御構文 ………………………………………… 84
整数型 …………………………………… 44, 70
設計 ……………………………………………… 40
セミコロン ……………………………… 32, 42
ゼロ埋め ………………………………………… 71
ゼロサプレス ………………………………… 130
前置型 …………………………………… 61, 111
添え字 ………………………………………… 136
ソースコード …………………………………… 14
ソースファイルの作成 ……………………… 28
ソリューションエクスプローラー ………… 28

■ た
代入 ……………………………………… 49, 138
代入演算子 ……………………………………… 62

ダブルクォーテーション……………………	44
定数………………………………………………	44
データ構造………………………………………	135
デクリメント演算子 …………………	60, 63
デバッガ ………………………………………	143
デバッグ ………………………………………	40
デバッグなしで開始 ………………………	33
トークン ………………………………………	37

■な

二重ループ……………………………………	128
ヌル文字………………………………………	162

■は

配列………………………………………………	134
配列の初期設定………………………………	139
配列の宣言……………………………………	137
パス………………………………………………	26
比較演算子…………………………………	63, 86
表示桁数………………………………………	71
標準関数………………………………………	35
標準入出力……………………………………	67
ビルド …………………………………………	32
符号………………………………………………	71
フラグ …………………………………………	132
フローチャート ……………………………	84
プロジェクト ………………………………	22
プロジェクトの作成 ………………………	24
ブロック …………………………………	35, 89
分析………………………………………………	40
ヘッダファイル …………………………	42, 67
変換指定子…………………………………	67, 70
変数………………………………………………	44
変数の宣言……………………………………	47
変数名…………………………………………	45

■ま

無限ループ……………………………………	116
メモリレイアウト …………………………	135
文字型…………………………………………	70
文字型配列……………………………………	162
文字コード……………………………………	171

文字列………………………………………	44, 162
文字列標準関数………………………………	179

■ら

ラインタイムエラー ………………………	142
乱数………………………………………………	123
リンク …………………………………………	40
累乗………………………………………………	53
ループ処理……………………………………	108
論理エラー…………………………………	42, 143
論理演算子…………………………………	63, 95
論理積……………………………………………	96
論理和………………………………………	98, 104

サンプルファイルのダウンロード

本書で紹介しているサンプルファイル（学習用の素材を含みます）は、以下のサポートページよりダウンロードできます。

サポートサイト https://gihyo.jp/book/2018/978-4-297-10015-5/support

ダウンロードしたファイルはZIP形式で圧縮されていますので、展開してから使用してください。展開すると、CHAPTER 2からCHAPTER 8のフォルダが表れます。各CHAPTERのフォルダ内にプロジェクトのフォルダが収録されています。

■ **サンプルファイルを展開する**

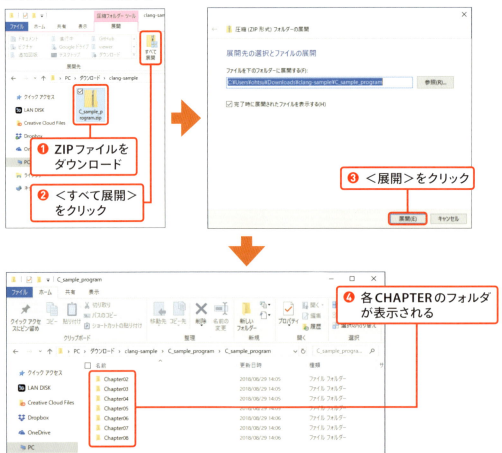

プロジェクトを開く

[著者略歴]
小谷 和弘（こたに かずひろ）
メーカーやシステムハウスでシステムエンジニアとして、アセンブリ言語やC言語を使ってファームウェアの開発に携わる。その後、専門学校の専任講師として、プログラミングやシステム開発の教育や情報処理関連の資格取得授業を担当する。プログラミングはC言語、JavaおよびAndroidアプリ開発を担当する。取得資格としては、情報処理技術者試験やJava認定試験などがある。

■お問い合わせについて

本書の内容に関するご質問は、下記の宛先までFAXまたは書面にてお送りください。電話によるご質問、および本書に記載されている内容以外の事柄に関するご質問にはお答えできかねます。あらかじめご了承ください。

〒162-0846
東京都新宿区市谷左内町21-13
株式会社技術評論社　書籍編集部
「たった1日で基本が身に付く！　C言語　超入門」質問係
FAX番号　03-3513-6167

なお、ご質問の際に記載いただいた個人情報は、ご質問の返答以外の目的には使用いたしません。また、ご質問の返答後は速やかに破棄させていただきます。

- ●カバー　　　　　　　菊池 祐（ライラック）
- ●本文デザイン　　　　ライラック
- ●本文イラスト　　　　株式会社アット イラスト工房
- ●編集・DTP　　　　　リブロワークス
- ●担当　　　　　　　　伊東健太郎
- ●技術評論社ホームページ　https://book.gihyo.jp/

たった1日で基本が身に付く！　C言語　超入門

2018年10月6日　初版　第1刷発行

著者　　小谷 和弘
発行者　片岡 巌
発行所　株式会社技術評論社
　　　　東京都新宿区市谷左内町21-13
　　　　電話　03-3513-6150　販売促進部
　　　　　　　03-3513-6160　書籍編集部
印刷／製本　図書印刷株式会社

定価はカバーに表示してあります。

本書の一部または全部を著作権法の定める範囲を超え、無断で複写、複製、転載、テープ化、ファイルに落とすことを禁じます。

©2018　Kazuhiro Kotani

造本には細心の注意を払っておりますが、万一、乱丁（ページの乱れ）や落丁（ページの抜け）がございましたら、小社販売促進部までお送りください。送料小社負担にてお取り替えいたします。

ISBN978-4-297-10015-5　C3055
Printed in Japan